自然界的原始生命

古生物

主编◎王子安

Animal

汕头大学出版社

图书在版编目（CIP）数据

自然界的原始生命：古生物 / 王子安主编. -- 汕
头：汕头大学出版社，2012.5（2024.1重印）
ISBN 978-7-5658-0792-3

Ⅰ．①自… Ⅱ．①王… Ⅲ．①古生物学－普及读
物
Ⅳ．①Q91-49

中国版本图书馆CIP数据核字(2012)第096795号

自然界的原始生命：古生物　ZIRANJIE DE YUANSHI SHENGMING ：GUSHENGWU

主　　编：王子安
责任编辑：胡开祥
责任技编：黄东生
封面设计：君阅书装
出版发行：汕头大学出版社
　　　　　广东省汕头市汕头大学内　邮编：515063
电　　话：0754-82904613
印　　刷：唐山楠萍印务有限公司
开　　本：710 mm×1000 mm　1/16
印　　张：12
字　　数：62千字
版　　次：2012年5月第1版
印　　次：2024年1月第2次印刷
定　　价：55.00元
ISBN 978-7-5658-0792-3

前　言

　　这是一部揭示奥秘、展现多彩世界的知识书籍，是一部面向广大青少年的科普读物。这里有几十亿年的生物奇观，有浩淼无垠的太空探索，有引人遐想的史前文明，有绚烂至极的鲜花王国，有动人心魄的考古发现，有令人难解的海底宝藏，有金戈铁马的兵家猎秘，有绚丽多彩的文化奇观，有源远流长的中医百科，有侏罗纪时代的霸者演变，有神秘莫测的天外来客，有千姿百态的动植物猎手，有关乎人生的健康秘籍等，涉足多个领域，勾勒出了趣味横生的"趣味百科"。当人类漫步在既充满生机活力又诡谲神秘的地球时，面对浩瀚的奇观，无穷的变化，惨烈的动荡，或惊诧，或敬畏，或高歌，或搏击，或求索……无数的探寻、奋斗、征战，带来了无数的胜利和失败。生与死，血与火，悲与欢的洗礼，启迪着人类的成长，壮美着人生的绚丽，更使人类艰难执着地走上了无穷无尽的生存、发展、探索之路。仰头苍天的无垠宇宙之谜，俯首脚下的神奇地球之谜，伴随周围的密集生物之谜，令年轻的人类迷茫、感叹、崇拜、思索，力图走出无为，揭示本原，找出那奥秘的钥匙，打开那万象之谜。

　　古生物是现已大部分绝灭的生物，它们生存在地球历史的地质年代中。古生物一直是一个神秘的事物，引起了科学家们极大的兴趣，很多科学家投入到古生物的研究中，人们对古生物的研究也从来没有间断过。那么，自然界的原始生命古生物，在自然的发展中它是怎样进化和演变的？本书将为你揭开谜案。

《自然界的原始生命：古生物》一书分为五章，第一章是对古生物总的介绍，包括内容有古生物的命名、分类以及研究古生物的意义等；第二章介绍的是古生物的化石；第三章揭秘的是古生物的进化历程；第四章则列举地质年代的王者恐龙进行叙述；第五章揭秘的是人类自身的进化和演变之谜。本书通过对古生物相关知识的介绍，使读者对地质年代的最初"主人"有更科学的认识。本书集知识性与趣味性于一体，是青少年课外拓展知识的最佳科普读物。

此外，本书为了迎合广大青少年读者的阅读兴趣，还配有相应的图文解说与介绍，再加上简约、独具一格的版式设计，以及多元素色彩的内容编排，使本书的内容更加生动化、更有吸引力，使本来生趣盎然的知识内容变得更加新鲜亮丽，从而提高了读者在阅读时的感官效果。

由于时间仓促，水平有限，错误和疏漏之处在所难免，敬请读者提出宝贵意见。

2012年5月

目录

Contents

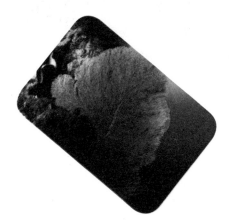

第三章　揭秘古生物的进化历程

第四章　人类进化之谜

第一章
揭秘古生物

古生物一直是一个神秘的事物，引起了科学家们极大的兴趣，很多科学家投入到古生物的研究中，人们对古生物的研究也从来都没有间断过。

古生物是现已大部分绝灭的生物，它们生存在地球历史的地质年代中。古生物主要包括古植物（芦木、鳞木等）、古无脊椎古生物（三叶虫）动物（货币虫、三叶虫、菊石等）、古脊椎动物（恐龙、始祖鸟、猛犸等）。经历了地质变迁后，古生物灭绝了，它们死后，除极少数（如冻土中的猛犸，琥珀中的昆虫）由于特殊条件，仍保存原有的组织结构外，绝大多数经过钙化、碳化、硅化，或其他矿化的填充和交替石化作用，形成仅具原来硬体部分的形状、结构、印模等的化石。

古生物是怎么来的？古生物是怎么命名的？古生物的有哪些分类等等这些问题是不是在你的脑海中打转了呢？本章就来对这些问题——进行阐述。读完之后，能帮助你揭开这些谜团。

话说古生物

提起古生物，在你的脑海里首先会呈现出什么呢？是不是有一些最低等的蓝藻出现？后来它又逐渐发展出藻类、苔藓、蕨类植物、裸子植物和被子植物，直至演化成今天丰富多样的植被。紧接着呢？紧接着你的脑子里又会出现什么呢？是不是会有一个庞然大物出现？它就是人类目前一

直在探寻的在当今已经消失了的怪兽——恐龙，相信你一定对恐龙这种动物充满了好奇，并抱有浓厚的兴趣。在电视画面中或书籍、网站上，你或许见过这样的场面：天空中翱翔着翼展达16米的恐龙，海中隐藏着重达150吨的蛇颈龙，陆地上则游荡着成群结队、大小悬殊的各类恐龙。海、陆、空三大领域全部接受爬行动物的统治，这样壮观的场面恐怕在整个生物进化历史中

也是非常罕见的。单是想想这些，就既惊险又刺激。

那么，什么是古生物呢？

古生物是生存在地球历史的地质年代中、而现已大部分绝灭的生物。包括古植物（芦木、鳞木等）、古无脊椎动物（货币虫、三叶虫、菊石等）、古脊椎动物（恐龙、始祖鸟、猛犸等）。古生物死后，除极少数（如冻土中的猛犸，

琥珀中的昆虫）由于特殊条件，仍保存原有的组织t结构外，绝大多数经过钙化、碳化、硅化，或其他矿化的填充和交替石化作用，形成化石。

自从发现古生物化石之后，人类就认识到曾有过大规模的生物绝灭现象。多细胞生物在6亿年的历

史进程中，共经历了五次主要的大规模绝灭事件。在所有大绝灭事件中，规模最大的一次发生在二叠纪末，最引人注目的是白垩纪末恐龙的绝灭。

关于恐龙的灭绝，一直是科学家们研究的内容。最近，科学家们

研究了我国南雄地区白垩纪末期的恐龙蛋化石。他们发现这一时期的恐龙蛋壳中，包括铱在内的许多种元素含量很异常。用电子显微镜观察这些恐龙蛋，发现它们具有病态构造，壳易碎，无法正常繁殖。他们推测，在白垩纪末期至第三纪早期，频繁的火山爆发形成了漫天飞舞的火山灰和有毒气体，环境受到严重污染，气候变得恶劣。这样的环境，尤其是被污染的食物，对恐龙的生理机能造成了强烈的负面作用，影响了它们的繁殖，最终导致了恐龙灭绝。持这种观点的人也认为，恐龙灭绝的过程可能持续了相当长的时间，而不是单凭一声巨响就把恐龙消灭干净了。

6500万年前称霸陆地的恐龙究竟为什么从地球上消失了？或许这个问题的答案很杂，既有来自地球外部的原因，也有来自地球本身的因素；既有环境的影响，也有恐龙自身的生理原因。这个千古之谜，还有待未来的科学家们深入研究才能让它水落石出。

然而，在古生物中最震撼的还

是人类的诞生！人类的诞生，就像一颗烘雷炸响了宇宙！在小人书里或故事书里，人们就听说过"女娲

个过程漫长而复杂。

说到人、人种、人类的智力发展历程，以及人类的未来进化前景，这些都是现在及未来科学家们研究的重要内容。人类暂时也许没有能力完全把这些谜团解开，但我们始终要怀有一颗热爱科学知识的心，不断进行科学探索，就一定能解开古生物之谜。

造人"的传说。尽管古代的人们编织出"上帝""女娲"这样具有神力的父母，但人类依然有"寻根"的渴望，人类一直想看看自己祖先的模样。于是，有人开始怀疑，想要找到自己真正的祖先。

那么，人的祖先究竟在哪里生活？他们的相貌如何？曾经有多少人为了回答这些问题而废寝忘食。不过，他们的孜孜以求是有道理的，因为这是在为人类寻找"双亲"。人类的诞生和演化是一个漫长的过程。从早期猿人到晚期猿人，再到早期智人、晚期智人，这

古生物的命名

任何东西都有其名称，那么，人类对于从来没有见过的古生物是如何来命名的呢？

所有经过科学家研究的生物，都要给予科学的名称，即学名（scientific name）。按照国际命名法规，生物各级分类等级的学名，改用拉丁字或拉丁化文字。属和属级以上的名称采用单名，即用一个拉丁词命名，第一个字母大写。种的名称采用双名法，即由种的本名

和其从属的属名组成，属名在前，种本名在后。种、亚种及变种本名第一个字母小写。属和属以下名称，在印刷和书写时，需用斜体字，属以上名称用正体字。同时，为了便于查阅，在各级名称之后，用正体字注以命名者的姓氏（应为拉丁字母拼缀）和命名时的公历年号，两者间以逗点分隔。若命名者不止一人，用拉丁连结词et（和）连接。

古生物物种既是生物分类的基本单位，也是生物进化的基本单位。生物进化的实质，就是物种的起源和演变。从生物学角度来认识物种，认为物种基本结构是居群，而不是个体。

生物命名法中一条重要原

矢部长克

正式发表的名称。例如，横板珊瑚一个属Tetrapora（方管珊瑚）原为矢部长克（H.Yabe）和早坂一郎（I.hayasaka）于1915年首创（Tetrapora Yabe et Hayasaka，1915年）。到了1940年，古生物研究者发现，该属名早在1857年用于苔藓动物一个属方管苔藓虫（Tetrapora Queenstedt，1857年）。横坂珊瑚Tetrapora 事后定的，依优先律应予废弃，而用另一新的属名Hayasakaia（早坂珊瑚）来代替。

则是优先律（law of priority），即生物的有效学名是符合国际动物、植物命名法所规定的最早正式刊出的名称。遇到同一生物由两个或更多名称即构成异名（synonym），或不同生物共有一个名称即同名（homomym），应以优先律选取最早

苔藓虫

古生物的分类

古生物的分类阶元与生物学相同，即界、门、纲、目、科、属、种，其间还有一些辅助单位如超科、超目、超纲、超门（生物学称总科、总目），亚种、亚属、亚科、亚目、亚纲、亚门等。古生物物种的概念与生物学物种相同，但由于化石不能判断是否存在生殖隔离，故更着重以下特征：

（1）共同的形态特征；

（2）构成一定的居群；

（3）居群分布于一定地理范围。

根据以上特征判明的化石种，被认为是自然的生物分类单元，具有客观性。但是，往往有些化石种仅根据生物体的某些部分（如植物叶片）的形态确定；或经详细研究发现在同一种名下记述了分属于不同分类单位的部分生物体；或同一分类单位具有几种形态（如性双形现象），但已被分别给予独立的种名。这些种叫做形态种，以区别于自然单元的种。属也有同样情况。

另一个不同点是，现代生物学分类中最低单位只有地理亚种，而古生物学分类中还有年代亚种，它是指同一种内，在不同时代分布上其形态特征不同的种群；年代亚种进一步发展，则成为年代种。

 知识小百科

最古老的植物

藻类是所有植物中最古老的。大多数藻类生活在水中，它们的结构非常简单，每个可见的个体都没有根、茎、叶的区别——是一个叶状体。藻类的体形差异很大，如生活在海洋中的硅藻就非常小，它是浮游

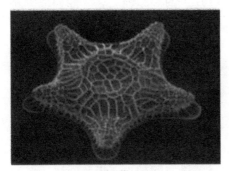

硅 藻

海 带

生物中的浮游植物，而海带属就是一群很大的海藻，这些褐色海藻可长达 4 米，而果囊马尾藻则可长达几十米。藻也有不同形状：一些呈简单的线状（直线的或有分支的），另一些是扁平的形状或球形，并有凸凹不平的边缘。

研究古生物的意义

研究古生物有十分重要的意义，主要体现在以下几个方面。

（1）古生物是确定相对地质年代的主要依据

在地质历史中，生物的发展演化是整个地球发展演化的最重要的方面之一。随着时间的推移，生物界的发展从低级到高级，从简单到复杂。不同类别、不同属种，或灭绝而不再重新出现。这种不可逆转的生物发展演化过程，大都记录在从老到新的地层（成层的岩石）中，有着某一地质时期所特有的化石，这就是史密斯的"生物层序律"。化石在地层中的分布顺序清楚地记录了有生物化石记录以来的地球发展历史。

岩石上的地质年代

根据生物演化的阶段性和不可逆性，地球历史由老到新被划分为大小不同的演化阶段，构成了不同等级的地质年代单位。最大的地质年代单位是宙，整个地球地质历史被划分为太古宙、元古宙和显生宙。太古宙为最古老的地质历史时期，是生命起源和原核生物进化时期。元古宙是原始真核生物演化的时代。显生宙时，后生植物、动物大量发生和发展，是生物显著出现的时代。显生宙被划分为二个代，

侏罗纪

太古宙

白老到新为古生代、中生代和新生代。代以下被分为纪。古生代有寒武纪、奥陶纪、志留纪、泥盆纪、石炭纪和二叠纪计六个纪。中生代有三叠纪、侏罗纪和白垩纪共三个纪。新生代包括古近纪、新近纪和第四纪。每个纪一般被进一步分为三个或两个世，每个世又被分为若干个期。每个期包括一个或几个化石带，时间跨度为数百万年，是地质年代的基本单位。

（2）古生物是划分和对比地层的主要依据

每一地质年代都有地层的形

成，因此，每一地质年代单位都有一个相应的年代地层单位，地质年代单位宙、代、纪、世、期的相应的年代地层单位为宇、界、系、统、阶。地层是研究地球发展舰律的物质基础，也是地质工作者必须研究的对象。地层学就是研究地层在时间和空间上的发展分布规律。古生物学的办法是目前地层学研究地层划分和对比的行之有效的主要方法。

由于不同年代的地层中保存着不同特征的化石或化石组合，从而不同时代的地层就可以被识别出来，不同地区但时代相当的地层就可以相对比。这种不同地区的地层划分和对比，对寻找地下资源以及选择建筑地基等有着重要的意义

（3）古生物是识别古代生物世界的窗口

化石是生命的记录。通过对各地、各时代化石的不断发现和挖掘，利用生物学和地质学等知识对化石的形态、构造、化学成分、分类、生活方式和生活环境的不断研究，地球有生物圈以来，特别是后生生物出现以来，千变万化的古代生物就可被逐步识别，古代生物的形态就能得到复原，古代的生物世

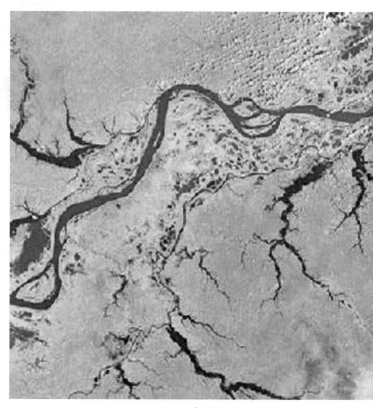

地 层

界就能栩栩如生地再现给世人，古代生物在全球的地质地理分布就能不断得到揭示，古代生物的系统分类或谱系就可逐步完善起来。

（4）古生物为生命的起源和演化研究提供直接的证据

古生物研究为探讨生物演化规律提供了有力的证据。从老到新的地层中所保存的化石，清楚地揭示了生命从无到有、生物构造由简单到复杂、门类由少到多、与现生生物的差异由大到小和从低等生物到高等生物的一幅生物演化的图画。地层中化石出现的顺序清楚地显示了细菌——藻类——裸蕨——裸子植物——被子植物的植物演化，

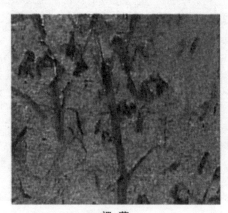

裸 蕨

和从无脊椎——脊椎动物的动物演化，鱼类、两栖类——爬行类——哺乳类——人类的脊椎动物的演化规律。

鱼化石

我国贵州前寒武纪瓮安生物群（距今约58亿年），云南寒武纪澄江生物群（距今约54亿年），辽西中生代晚期恐龙、鸟类、真兽类和被子植物的发现，为早期无脊椎动物、脊椎动物、鸟类和被子植物的演化揭示了新的珍贵资料。

生命起源是自然科学领域内最重大的课题之一。一百多年前，恩格斯就已指出"生命是蛋白体的存

在方式"。蛋白质和核酸的结构与功能是认识生命现象的基础。蛋白质由20种不同的氨基酸组成，这些氨基酸大部分已在化石中找到，这对研究生命起源具有很大意义。在前寒武纪地层中，特别是在前寒武纪的燧石层中，已陆续发现了各种化学化石和微体化石，如南非距今

前寒武纪地层

37亿年的前寒武纪地层中发现有显示非生物起源和生物起源的中间性质的有机物质。距今32亿年的前寒武纪地层中发现有植物色素分解生成物植烷和姥鲛烷，这样的光合物说明那时生物已经开始进行光合作用。美国明尼苏达州距今27亿年的前寒武纪地层中，发现有现代蓝藻

类念球藻所含的特征物7—甲基17烷和8—甲基17烷，说明27亿年前就有和现代蓝藻类念球藻属相类似的蓝藻。研究前寒武纪地层中的化学化石和微体化石，对于探索生命起源具有特别重大的意义。

地外星体（如火星）上有无生命或是否曾出现过生命，是当今科学家们既感兴趣又觉得困惑的一大难题。随着对陨石或从诸如火星等星球上获取的"岩石"或"土壤"

火星

材料中有机大分子或化石有机大分子的存在与否的测试和研究，这一科学问题一定能得到最终的结论。

（5）古生物是重建古环境、古地理和古气候的可靠依据

各种生物生活在特定的环境中，生物的身体结构和形态能反映生活环境的特征，如现代的珊瑚、

珊瑚

腕足类、头足类、棘皮动物等是海洋巾的生物；河蚌类、鳄类则是河流或湖泊淡水生物；松柏类、马类为陆地生物。陆生植物和海洋生物脂肪酸的组成有别。大多数生物活动痕迹出现在滨海或湖泊、河流近岸地带。现代海洋中藻类生活的海水深度常随种类不同而深浅不

一，如绿藻和褐藻生长于沿岸的上部，水深20～30米处以褐藻为主，80～200米处则以红藻为最多。贝壳滩形成于海滨或湖滨。化石的定向排列或定向弯曲指示着化石埋非时的水流方向，再沉积的化石指示了水下或风暴搬运等活动。现代珊瑚生长在水温18℃以上，阳光充足的海水中。由植物形成的厚层煤，一般标志着一种湿热的气候。生物的形态结构（珊瑚的生长环，双壳纲的生长层，树术的年轮，叠层石的薄层理）记录了气候的季节性变化。生物（如箭石）中的氧同位素含量是可靠的温度计，而贝壳化石的蛋白质含量则反映古气候的湿

箭石

贝壳化石

度。化石生长线上还储存有生物产卵期和古风暴频率的信息。

因此，遵循"将今论古"的原则，可依据化石重建不同地质时代的大陆、海洋、深海、浅海、海岸线、湖泊、甚至河流的分布，了解水质的含盐度，大陆、湖泊、海洋底部地形。恢复占代的气候，揭示沧海桑田的古地理和古气候变迁历史。

（6）古生物在沉积岩和沉积矿产的成因研究中有着广泛的应用

有些沉积岩和沉积矿产本身是生物直接形成的。如煤是由大量植物不断堆积埋葬变成的，石油、油页岩等矿产的形成直接与生物有关系。很多碳酸盐岩油田与生物礁相

油页岩

关，硅藻土由大量的硅藻硬壳堆积而成，有孔虫石灰岩由有孔虫形成，贝壳石灰岩由贝壳形成，藻类灰岩由藻类形成。动植物的有机体

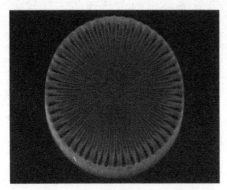

硅藻

还常富集诸如铜、钴、铀、钒、锌、银等成矿元素。现代海水的铜含量仅有0.001％，但不少软体动物和甲壳动物能大量地浓缩铜。古代含有浓缩矿物元素的古生物大量死亡、堆积、埋葬，有可能形成重要的含矿层。细菌在很多方面影响沉积作用，是一个重要的地质作用因素，也是地壳地球化学循环的一个重要环节。细菌化石的研究对沉积岩和沉积矿产的成因研究非常重要。

中国所有大、中型煤田、油田、油气田、甚至沉积铁矿等能源和沉积矿床的勘探与开发，均离不开古生物学的研究和指导作用。

（7）古生物的发展历史为人类提供了保护地球的借鉴

生物的起源、发展和演化经历了漫长和极端艰难坎坷的历程。根据化石记录，科学家们目前已经发现，地质历史时期地球上曾发生过六次大的和无数次中、小的生物灭绝（集群灭绝）事件。六次大的生物灭绝事件发生的时间从老到新为：寒武纪末、奥陶纪末、泥盆纪晚期、二叠纪末、三叠纪末和白垩纪末。

造成生物集群灭绝的原因很

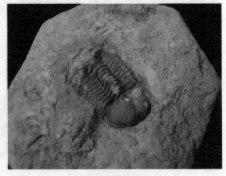

泥盆纪生物化石

多，如地外碰撞（地球以外的星体，如陨星撞击地球）、火山活动、气候（变冷或变暖）、海进（海平面上升）、海退（海平面下降）和缺氧等。

每次大的灭绝事件，都能在相对短时期内造成全球生物80%～90%以上的物种灭绝。但是，少数生命力或逃逸能力强的物种能够通过忍受灾变造成的极端恶劣环境或逃离灾区至异地避难而残存下来，同时，灾变引起的环境变化也给新物种的诞生创造了条件和机遇。生物集群灭绝事件期间幸存的和新的物种在灭绝事件后开始复苏和发展，并进而开创动物演化的新阶段。因此，随着每次全球性的生物灭绝事件后，如奥陶纪初、泥盆纪末、叠末纪初、侏罗纪初和第三纪初，都伴随着生物的复苏和发展。

通过生物人灭绝的原凶和灭绝后的复苏的控制因素的研究，地质古生物工作者们将能揭示出更多的生物起源与演化的规律，并能为人类控制生态平衡和保护人类的家园——地球，提供大尺度的历史和科学的借鉴。了解和掌握了远古生物的发展规律，并利用现代科学和技术，人类就能避免或推迟潜在的对人类有害的事件发生，或减轻或回避未来的生物事件对人类的不良影响。

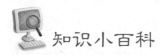
知识小百科

资格最老的种子植物

银杏树的寿命，远不及非洲的龙血树，也比不上美洲的巨杉。但是，它却是现在生存树木中辈分最高、资格最老的前辈。它在两亿年前的中生代就出现在地球上了。其它树木（种子植物）都比它晚。

银杏在古代，广泛生存在欧亚大陆上，后来大冰川来了，大部分地区的银杏被冰川毁灭，成了化石，唯独我国还保存了一部分活的银杏树，绵延到现在，所以，都称它为活化石。

银杏是一种有特殊风格的树，叶子碧绿，象把折纸扇。它的枝叶含有抗虫毒素，能防虫蛀。银杏的种子，成熟时外种皮橙黄色，象杏子，所以叫银杏。它的种子皮色白而硬，也叫它白果。银杏的种仁是味道香美的干果，但多吃容易中毒。另外，种仁还可以药用，治痰喘咳嗽。现在，江苏的泰兴、泰州和苏州的洞庭山，浙江的诸暨，安徽的徽州等地，出产的白果最有名。

第二章
古生物化石

　　古生物化石是指人类史前地质历史时期形成并赋存于地层遗迹，包括植中的生物遗体和活动物、无脊椎动物、脊椎动物等化石及其遗迹化石。化石是地球历史的见证，是研究生物起源和进化等的科学依据。古生物化石不同于文物，它是重要的地质遗迹，是我国宝贵的、不可再生的自然遗产。

　　化石是经过自然界的作用，保存于地层中的古生物遗体、遗物和它们的生活遗迹。大多数是茎、叶、贝壳、骨骼等坚硬部分，经过矿物质的填充和交替作用，形成仅保持原来形状、结构以至印模的钙化、碳化、硅化、矿化的生物遗体、遗物或印模。也有少数是未经改变的完整遗体，如冻土中的猛犸、琥珀中的昆虫等。化石是古生物学的主要研究对象，也是人们了解古生物的根本途径。

　　科学家们研究古生物最为主要的途径就是古生物化石，因此，了解古生物化石是极为必要的。本章就主要来介绍一下古生物化石。

古生物化石的保存条件

历经如此长的时间，古生物化石还能保存下来直到现在，是什么原因让古生物化石保存到现在呢？其保存条件是怎么样的呢？

地质历史时期的古生物遗体或遗迹在沉积埋藏后可以随着漫长地质年代里沉积物的成岩过程石化成化石。但是，并不是所有的史前生物都能够形成化石。化石的形成过程及其后期的保存都要求有一定的特殊条件。

首先，化石的形成及保存需要

古生物化石

一定的自身生物条件。具有硬体的生物保存为化石的可能性较大。无脊椎动物中的各种贝壳、脊椎动物的骨骼等主要由矿物质构成，能够

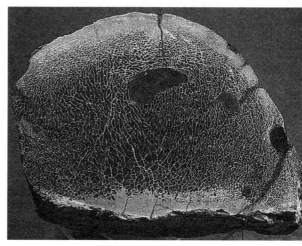

无脊椎动物化石

较为持久地抵御各种破坏作用。此外，具有角质层、纤维质和几丁质薄膜的生物，例如植物的叶子和笔石的体壁等，虽然容易遭受破坏，

叶子化石

但是不容易溶解，在高温下能够炭化而成为化石。而动物的内脏和肌肉等软体容易被氧化和腐蚀，除了在极特殊的条件下就很难保存为化石。

其次，化石的形成和保存还需要一定的埋藏条件。生物死亡后如果能够被迅速埋藏则保存为化石的机会就多。如果生物遗体长期暴露在地表或者长久留在水底不被泥沙掩埋，它们就很容易遭到活动物的吞食或细菌的腐蚀，还容易遭受风化、水动力作用等破坏。不同的掩埋沉积物也会使生物形成化石并被

保存的可能性及状况产生差别。如果生物遗体被化学沉积物、生物成因的沉积物和细碎屑沉积物（指颗粒较细的沉积物）所埋藏，它们在埋藏期就不容易遭到破坏。但是如果被粗碎屑沉积物（指颗粒较粗的沉积物）所埋藏，它们在埋藏期间就容易因机械运动（粗碎屑的滚动和摩擦）而被破坏。在特殊的条件下，松脂的包裹和冻土的掩埋甚至可以保存完好的古生物软体，为科学家提供更为全面丰富的科学研究材料，琥珀里的蜘蛛和第四纪冻土中的猛犸象就是这样被保存下来的。

蜘蛛化石

再次，时间因素在化石的形成中也是必不可少的。生物遗体或是其硬体部分必须经历长期的埋藏，才能够随着周围沉积物的成岩过程而石化成化石。有时虽然生物死后被迅速埋藏了，但是不久又因冲刷等各种自然力的作用而重新暴露出来，这样它依然不能形成化石。

最后，沉积物的成岩作用对化石的形成和保存也很有影响。一般来说，沉积物在固结成岩过程中的压实作用和结晶作用都会影响化石的形成和保存。其中，碎屑沉积物的压实作用比较显著，所以在碎屑沉积岩中的化石很少能够保持原始的立体状态。化学沉积物在成岩中的结晶作用则常常使生物遗体的微细结构遭

受破坏，尤其是深部成岩、高温高压的变质作用和重结晶作用可以使化石严重损坏，甚至完全消失。

猛犸象

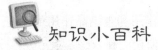

知识小百科

世界最大的食肉恐龙

如果有人问你，世界上最大的食肉恐龙是什么，也许你会毫不犹豫地说："霸王龙！"

应该说，如果说你的答案错了，那还真有些冤枉你，因为霸王龙确实在许多有关恐龙的书籍中都是被描述为世界上最大的食肉恐龙。

但是现在我们要告诉你，霸王龙在过去确实扮演过最大食肉恐龙角色，不过现在，它的"冠军"地位已经让位了。

1993年8月，阿根廷的古生物学家在其境内的内乌肯省发现了一种食肉恐龙，其化石材料包括大腿骨、臀部骨骼、尾骨和带有牙齿的下颌骨。由于它的大腿骨就长达1.4米，牙齿有成年人的小臂那么长，因此科学家研究后认为，这种生活在距今1亿1千万年前的恐龙有12.5米长，体重估计达8吨，比霸王龙之王还要长10厘米。科学家推测，这种恐龙以粗壮的后腿支撑身体并两足行走，前臂短小，只用于抓取食物。它那巨大的牙齿完全可以撕碎任何猎物。

这么大的食肉恐龙一次得吃下多大的猎物才能满足它的胃口呢？说来也巧，在同一地区，古生物学家还发现了一种巨大的素食恐龙。这种素食恐龙长达30多米，体重估计有将近100吨。很可能这种巨大的素食恐龙正是那种巨大的肉食恐龙的主要捕食对象。

古生物化石的价值

古生物化石的价值主要体现在以下几个方面。

（1）古生物化石对研究地质时期古地理、古气候、地球的演变、生物的进化等具有不可估量的价值；

（2）古生物化石为国内乃至国际研究动植物生活习性、繁殖方式及当时的生态环境，提供十分珍贵的实物依据；

（3）古生物化石为探索地球上生物的大批死亡、灭绝事件研究，提供罕见的实体及实地。

（4）有些特殊、特形的古生物化石其本身或经加工具有极高的美学欣赏价值和收藏价值，因此，在一定意义上，它也是一种重要的地质旅游资源和旅游商品资源。

古生物化石的用途

18、19世纪之交，博物学家通过对化石的观察发现，越古老的地层中的化石生物与现代生物的面貌差别越大，越年轻的地层中的化石生物与现代生物的面貌差别越小。这一发现为生物进化论思想的产生直接提供了启迪。随后，一代又一代的科学家通过对不断发现的越来越多的生物化石的研究，根据它们形态特征上的异同将各门类生物之间的亲缘关系了解得越来越清楚。在此基础上，科学家进一步的研究使得人们对各种古生物的生活方式、进化的规律和机制等有了更深入的了解。

微体古生物学是20世纪由于

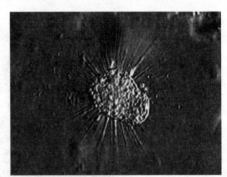

有孔虫

工业迅速发展而形成的一个古生物学新分支，主要研究对象是那些微小的化石生物，例如有孔虫、放射虫、几丁虫、介形虫、沟鞭藻和硅藻等门类，以及某些古生物类别的微小器官化石，如牙形石、轮藻和

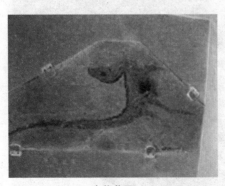

生物化石

牙形石

孢粉（植物的孢子和花粉）等。其中，孢粉的研究在划分对比非海相地层（即除了海洋性地层之外的所有其它地层）和研究古气候、古地理和古植被等方面具有特殊的意义。

在化石研究的基础上，古生态学家可以通过研究古生物与古环境的相互关系，了解地质历史各时期古生物的生活方式、生活条件、生命活动的遗迹、生物及其器官的形态功能、古生物死亡后的埋藏过程和机理等问题。

理论古生物学家通过研究大量的化石资料，探讨物种形成、类别的分异、进化的方式、进化的速率和进化机制等生物进化的规律。古生物地理学家则通过大量化石生物的对比研究来了解地质历史各时期动物群和植物群的地理分布等问题。

此外，诸如生物地层学、分子古生物学、古生物化学以及古仿生学等边缘学科的研究也都离不开古生物化石。由此可见，古生物学的方方面面以及相关的一些学科领域的科学研究都离不开古生物化石。

除了科学研究之外，化石的审美价值、文化价值和社会价值也很大。许多造型美观的化石即是自然遗产，又是天成的艺术品。国外发达国家许多普通人都是化石的爱好

生物化石

辽西植物化石

者和收藏家，通过收藏化石，即了解了自然历史等科学知识，又起到了修身养性、陶冶情操的作用；近年来随着我国经济的发展和人民生活水平的提高，也出现了一批化石爱好者和收藏家，他们的活动不仅起到了一定的科学普及效应，而且还在很大程度上促进了古生物学的发展。例如，近年来我国辽西发现的许多轰动世界的古生物学大发现，最初或多或少地都与一些化石收藏家有关。不过，我国目前的化石收藏市场还很不规范，私人收藏对科学研究虽然起到了一些正面的积极作用，但是也为乱采滥挖、珍贵化石走私等埋下了隐患。因此，切实可行的有关珍贵化石保护和化石收藏市场规范化的法规和制度必须健全。

我国古代先民在几千年前就对化石有所认识，中医里一直把化石作为一种药材——龙骨，用来医治某些疾病。但是龙骨的采挖和药用确实对珍贵的化石资源是一种巨大的破坏。在知识经济时代的今天，应该认识到化石的科学价值和人文价值远远大于其医用价值；因为龙骨所能够起到的那些医疗作用早已能够被许多新发明的药剂所取代。

龙骨

古生物化石类型

◆ 实体化石

实体化石是由古生物遗体本身的全部或部分（特别是硬体部分）保存下来而形成的化石。

在能够避开空气氧化作用和细菌腐蚀作用的特别适宜情况下，有些生物的遗体能够比较完好地保存而没有显著的变化。例如，西伯利亚发现的一些保存在冻土里的曾经生存在2万5千年前的第四纪的猛犸象，不仅骨骼保存完整，而且皮

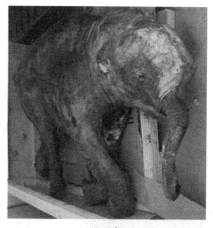

猛犸象

肤、体毛、血肉、甚至胃里的食物都保存完好。在波兰的斯大卢尼发现的曾经在1万年前不慎掉入沥青湖中的披毛犀的整体化石是迄今所知的最完整的脊椎动物动物化石。在我国抚顺煤矿形成于始新世至渐新世（大约5600万年前到2300万年前）的煤层里含有大量的琥珀，其中经常保存有完好精美的蚊子、蜜

实体化石

蜂和等昆虫化石和蜘蛛化石。

不过，这种没有经过显著化石化作用或只是有一些轻微变化的生物遗体是很少被发现的。绝大多数的生物化石仅仅保留的是其硬体部分，而且都经历了不同程度的化石化作用。所谓"化石化作用"是指随着沉积物变成岩石的成岩作用，埋藏在沉积物中的生物遗体而经历了物理作用和化学作用的改造，但是仍然保留着生物面貌及部分生物结构的作用。化石化作用一般包括矿物质填充作用、交替作用和升馏作用等几种方式和过程。

举例来说，无脊椎动物的硬体结构间或多或少留有一些空隙，比如珊瑚的隔壁间隔、海绵的沟系、有孔虫的房室、一些贝壳多孔而疏松的内层、以及脊椎动物的骨骼。尤其是脊椎动物的肢骨，髓质的有机物分解消失以后留下了中空的部分，在地层下被埋藏日久以后，溶解在地下水中的矿物质（主要是碳酸钙）往往在其孔隙中经重结晶作用变成了较为致密、坚实，并且增加了重量的实体化石。这样的作用

就是矿物质填充作用。

　　生物硬体的组成物质在埋藏情况下被逐渐溶解，再由外来矿物质逐渐补充替代的过程称为交替作用。在这个过程中，如果溶解和交替速度相等，而且以分子相交换，就可以保存原来的细微结构。例如世界各地经常发现的硅化木的形成，就是古老树木中的木质纤维被硅质替代，但是年轮和细胞轮廓等细微结构仍然保存下来的结果。而如果交替速度小于溶解速度，生物硬体的细微构造也会被破坏，最终只保留下来原物的外部形态。常见

方解石

的交替物质有二氧化硅、方解石、白云石、黄铁矿等，相应的过程就可以叫做硅化、方解石化、白云石化和黄铁矿化。

　　升馏作用是指古生物遗体在被埋藏之后，不稳定成分分解、可挥发物质往往首先挥发消失，最后只留下炭质薄膜而保存下来的过程。这个过程也成为炭化。如笔石骨骼成分为几丁质，埋藏条件下经升馏作用后，氢、氮、氧等元素挥发消逸，仅仅留下碳质薄膜。再如，植物的叶子主要成分是碳水化合物，经过升馏作用后往往也只有碳质保存成了化石。

　　实体化石保存了古生物遗体的全部或部分，所以一般来说可以为

二氧化硅

科学家提供最为详尽的古生物身体形态结构信息，因此是古生物学研究中最主要的材料。

◆ 遗迹化石

保留在岩层中的古生物生活时的活动痕迹及其遗物叫做遗迹化石。其中，古生物的遗物又可以成为遗物化石。

遗迹化石很少与留下遗迹的古生物实体化石同时保存，因此很难确定两者之间的对应关系。遗迹化

恐龙脚印

石能够充分说明地质历史时期某些生物的存在及其生活方式，它们使古生物留下的记录更加丰富，给我们提供了更加全面地了解古生物的线索。

最吸引人的遗迹化石当属脊椎动物的足迹，根据足迹的大小、深浅和排列情况，科学家能够推测留下这些足迹的古动物的身体是重还是轻、行走的步态是漫步、快跑还是跳跃。根据足迹上有爪印还是有蹄印，科学家可以推断这些动物是肉食者还是植食者。坐落在北京动物园附近的中国古动物馆内就珍藏着许多大大小小的恐龙脚印，通过这些遗迹化石可以想象出在1亿年前的地球上恐龙漫步或奔驰在远古

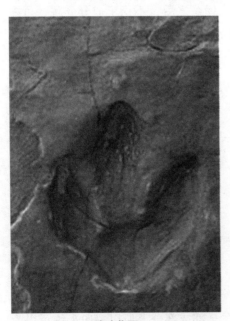

遗迹化石

大地上的情景。

此外，常见的遗迹化石还有蠕形动物的爬迹、节肢动物的爬痕、舌形贝和蠕虫在海底钻洞留下的潜穴以及某些动物的觅食痕迹等。

遗物化石主要有动物的排泄物（粪化石）或卵（蛋化石）。鱼粪化石、鬣狗粪化石、各种各样的恐龙蛋化石以及鸵鸟蛋化石等遗物化石在中国古动物馆里也都可以看到。

自从古人类出现以后，他们在各个发展时期制造和使用的工具及其它各种文化遗物也都属于遗物化石。如果到中国古动物馆来，会在

石　斧

里面的"树华古人类馆"里欣赏到上百件体现着远古人类智慧的珍贵的旧石器、骨器等遗物化石。本馆馆主龙子还曾经在一位农民手中见到过一件1万多年前的古人类用猛犸象的骨头制造的短剑，制作得异常精细，简直跟近代士兵用的匕首一样，血槽里还残存着狩猎时沾着的兽血变质后

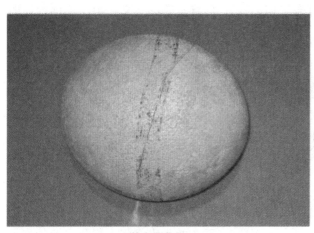

鸵鸟蛋化石

形成的油黑色的残留物。通过这把短剑，仿佛看到了我们祖先在1万多年前茹毛饮血的原始生活场景，也能感受到我们祖先利用智慧在严酷的生存竞争环境里拼搏不息的顽强精神。

◆ 化学化石

在大多数情况下，古生物的遗体都因遭到破坏而没有保存下来。但是在某种特定的条件下，组成生物的有机成分分解后形成的氨基酸、脂肪酸等有机物却可以仍然保留在岩层里。这些物质看不见、摸不着，但是却具有一定的有机化学分子结构，足以证明过去生物的存在。因此，科学家就把这类有机物称为化学化石。

科学家曾经对3亿年前的鱼类和双壳类化石以及1亿多年前的恐龙化石进行过化学研究和分析，分

恐龙化石

析出了7种氨基酸，甚至还在5亿年前的古老地层中分析出了氨基酸和蛋白质等有机物。

化学化石的研究对探明地球上生命的起源和阐明生物进化的历史具有重要的意义；由于不同地质时期各类生物有机成分多有差异，对化学化石的进一步深入研究对解决生物分类和划分对比地层都将起到一定的作用。对化学化石的研究目前仍处于探索阶段，但是已经显露出了巨大的发展前景，因此而产生的一门新兴学科——古生物化学在不久的将来必将会得到迅速的发展

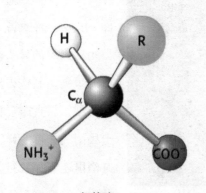

氨基酸

并对整个古生物学科带来巨大的推动作用。

◆ 模铸化石

古生物学家把古生物遗体留在岩层或围岩中的印痕和复铸物称为模铸化石，它们可以根据与围岩的关系被分为5种类型：印痕化石、印模化石、模核化石、铸型化石和复合模化石。

印痕化石是生物遗体（主要是软体部分）因陷落在细碎屑沉积物或化学沉积物中所留下的印痕。腐蚀作用和成岩作用虽然使得遗体本身被破坏，但是印痕却保存了下来，而且这种印痕还常常可以反映该生物的主要特征。腔肠动物的水母印痕、蠕虫动物的印痕以及植物叶子的印痕等都属于印痕化石。

印模化石包括外模和内模两种。外模是古生物遗体坚硬部分（例如贝壳）的外表面印在围岩上的印痕，能够反映原来生物外表的形态及构造特征；内模是壳体的内表面轮廓构造留下的印痕，能够反映该生物硬体的内部形态及构造特征。例如，双壳类的两瓣壳往往是分散保存的，当它们被沉积物掩埋

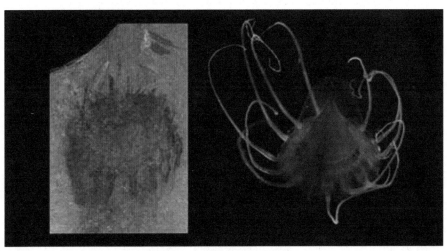

水母

之后，沉积物经成岩过程固结成了岩石，而壳体有时被水溶解，但是却在围岩与壳的外表面的接触面上印下了外模，同时在围岩与壳的内表面的接触面上印下了内模。

模核化石分为内核和外核两种。当腕足动物和某些双壳类动物死亡之后，它们的贝壳经常两瓣完整地被埋藏起来，其内部空腔也被沉积物填充，在固结以及壳体被溶解之后，内部留下一个实体即称为内核。如果壳内没有被沉积物填充，当贝壳溶解后就会在围岩中留下一个与壳大小相等、形状一致的空间；这个空间如果再经过充填，又会形成一个与原来的壳大小相

等、形状一致但是成分均一的实体，这样的实体就被称为外核。

当贝壳被沉积物掩埋并且已经形成外模和内核之后，壳质有时会全部溶解，然后又被另外某种矿物质填充，使得填充物象铸造的模型一样保留了原来贝壳的原形和大小，这样就形成了铸型化石。

内模和外模重叠在一起的模铸化石称为复合模化石。当贝壳埋藏在沉积物中并形成内模和外模之后，如果贝壳随后被溶解而在围岩内留下了空隙，而后由于岩层的压实作用而使外模与内模重叠在了一起，复合模化石就形成了。

◆ **特殊的化石类型**

琥珀——古代植物分泌出的大量树脂，其粘性强、浓度大，昆虫或其他生物飞落其上就被沾粘。沾粘后，树脂继续外流，昆虫身体就可能被树脂完全包裹起来。在这种情况下，外界空气无法透入，整个生物未经什么明显变化保存下来，就是琥珀。

中药店的龙骨——被人们用作中药的龙骨，其实主要是新生代后期尚未完全石化的多种脊椎动物的骨骼和牙齿石，绝大部分是上新世和更新世的哺乳动物，诸如犀类、

鹿骨骼化石

三趾马、鹿类、牛类和象类等的骨骼和牙齿，甚至偶然还搀杂少量人类的材料。至于视为上品的五花龙骨或五花龙齿，颜色不像一般呈单调的白、灰白或黄白，而是在黄白之间尚夹杂有红棕或蓝灰的花纹。比较好看，则是象类的门齿。

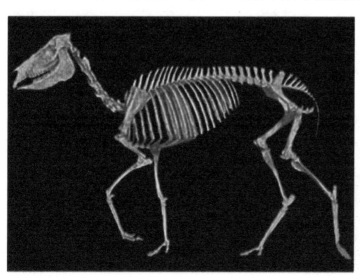

三趾马化石

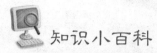 知识小百科

科学家发现最完整巨型恐龙化石

巴西和阿根廷古生物学家发现了一种新种巨型恐龙化石，这具化石大体保存完整。他们推断，大约8000万年前，该恐龙在现在的巴塔哥尼亚北部四处游荡。

这种恐龙的学名叫"Futalognkosaurus dukei"，属于食草性恐龙，经测量，估计从它的头部到尾部的长度是105英尺到112英尺，站立时有4层楼那么高。它是迄今全世界发现的最大的三种恐龙之一。

这一发现让人联想到恐龙的一个新血统——那种拥有特别长的脖子的恐怖。"它的脖子很粗，很强壮，也很长。"他们还发现了来自晚白垩时期的生态系统遗迹化石，其中包括保存完好的树叶和鱼类。

Futalognkosaurus dukei的名字起源于当地的马普切语，意思是"蜥蜴的大首领"和美国电力公司的名字杜克能源公司，因为阿根廷的挖掘工作的大部分费用都是由该公司资助。这具化石的70%保存了下来，与之相比，世界上发现的其他庞大恐龙化石的保存完整性大约仅为10%。里约热内卢国家博物馆的研究员亚历山大·凯尔内说："它是已发现的最大的恐龙之一，是保存最完整的庞大恐龙化石。我们找到了从脖子的第一节到尾巴的第一节椎骨，通过这项发现，我们或许能对其他恐龙进行重新评估。"

这种恐龙是这一地区所有发现的一部分，2000年古生物学家在该地发现了第一具恐龙化石。他告诉记者说："鱼和树叶的沉积物化石，以及这项发现周围的其他恐龙，是一些非常令人惊讶的事物。树叶和恐龙在一起实属稀有。对我们来说，它就是整个失落的世界。"他提到亚瑟·柯南·道尔的著作《失落的世界》，这部著名小说从南美洲一个偏远地域开始，描写了一个科学探险队发现恐龙仍然在一个与世隔绝的高

原上闲逛。研究人员表示，这个已经变成化石的生态系统将矛头指向了巴塔哥尼亚的温暖、潮湿的气候。晚白垩纪时期，巴塔哥尼亚拥有大量森林。然而现在这个地区是个大草原，几乎没有植被。

研究人员认为，这个死亡原因不明，肉被食肉动物吞吃掉地大恐龙的尸体，最后被冲进附近的一条流速缓慢的河里，它变成了河中的一道屏障，在它变成化石前，骨架内堆积了大量骨骼和树叶。古生物学家还在这个地点发现了一具兽脚亚目食肉恐龙——大盗龙的化石，它那生有关节的前臂保存完好，上面有镰刀状的爪子。

研究人员表示，以前古生物学家将类似的骨骼碎片说成是一只足。这个阿根廷-巴西联合项目还在巴西的马托格罗索工作，凯尔内表示，他们已经在这里获得了一项重大发现，但是要在稍后才会公开相关消息。阿根廷像沙漠一样的地区有利于保存化石，在巴西的潮湿土壤中，更难发现古生物化石。

第二章
揭秘古生物的进化历程

　　地质工作者根据各门类古生物群的演变史，结合地壳运动、沉积间断等方面的具体情况把地球发展史分成：太古宙（约四十亿年前至二十五亿年前）、元古宙（约二十五亿年前至六亿年前）、显生宙（约六亿年前至今天），显生宙又分为古生代、中生代及新生代，每代又分为若干纪、纪再分世，世再分期。

　　每个时代都有其相应的原始生命诞生，它们又经过极其漫长的历程，才逐渐进化成为现在这样丰富多采的生物界。概括地说，原始生命由于营养方式的不同，一部分进化成为具有叶绿素（能自养）的原始藻类，另一部分进化成为没有叶绿素（不能自养）的原始单细胞运动。这些藻类和原始单细胞动物就分别进化成为各种各样的植物和动物。

　　新陈代谢是宇宙间普遍的永远不可抵抗的规律。地史在前进，环境在转变，导致不同地质时代的生物面貌千变万化的差别。生物由低级发生质变而跃进到高级。这样，我们就有可能依据生物的演化规律，把生物的发展史割分为以下几个主要时代：藻类和无脊椎动物时代，裸蕨植物和鱼类时代，蕨类植物和两栖动物时代，裸子植物和爬行动物时代，被子植物和哺乳动物时代。

　　本章主要讲述几个时期的生物，阐述古生物的进化历程。

藻类和无脊椎动物时代

大约二十五亿年前到四亿三千八百万年前，生物界经历了元古代的藻类繁荣时期、寒武纪的无脊椎动物第一次大发展期和奥陶纪的无脊椎动物全盛时期。藻类是元古代海洋中的主要生物，大量藻类如蓝藻、绿藻、红藻在浅海底一代复一代地生活，逐渐形成巨大的海藻礁，又称叠层石。寒武纪时各门类无脊椎动物大量涌现，但以三叶虫为最多，约占当时动物界的百分之六十。奥陶纪时各门类无脊椎动物已发展齐全，海洋呈现一派生机逢勃的景象。

◆元古代——藻类时代（约距今25～5.7亿年）

元古宙已经有了能够自营光合作用、独立繁殖的蓝绿藻类，这是

绿藻

生物演化史上的一大发展。在茫茫的海域中，除去单细胞的蓝绿藻外，还有漂浮于海面的藻丝，堆积在海底并形成馒头状的藻类叠层石；卵形的藻灰质结核也随波滚动在海底，所以，元古宙可以说是藻类时代。

元古宙地层在我国分布很广，含有大量的藻类化石，积累成巨厚的岩层，是一种十分华丽的建筑材料。北京人民大会堂光彩夺目的石柱，南京长江大桥头堡照耀如镜的墙壁，都是用产自八亿年前的藻类组成的石灰岩镶砌而成的。元古宙早期的藻类，以群体与丝状的蓝绿藻为主，经常保存为巨大的锥状叠层石和简单、连续分枝的直柱叠层石。中期的藻类更为丰富，虽仍以丝状蓝绿藻为主，但藻丝的结构更为复杂，不仅有单列的，而且还出现了多列的，一般还是保存为各种形式的叠层石，如光滑的石柱状叠层石，分枝块柱状叠层石。晚期藻类的特色是红藻类大量繁盛，重要的有前管孔藻、多管藻、放射线藻

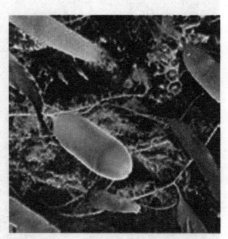

管状绿藻

红藻

等。这些藻类化石的钙化现象相当清晰，由致密、放射状排列的线体组成，结构复杂，对追溯红藻的起源，具有重大意义。晚期除红藻特别繁盛外，蓝绿藻仍然相当繁盛，它们的群体一般呈球形，两三个群体被一层共同衣鞘所包围。

元古代无脊椎动物化石贫乏，近年来，在我国西南各省，已从若

干地点的震旦纪末期岩层中，找到了丰富的保存完好的软舌螺和其它门类化石，这是对古生物学研究的一大贡献。

◆ 寒武纪——无脊椎动物第一次大发展（距今5.7～5.1亿年）

寒武纪时期，除个别门类外，现在生活在地球上的生物几乎全部出现了，揭开了生物演化史上的宏伟帷幕。当时的大陆可能是荒凉的，还没有找到任何真实的陆生生物遗迹。低级的苔藓和地衣类的植物，可能生活在潮湿的低地，还缺

地衣

少根与纤维组织,难以蔓生到干燥地区;当时的无脊椎动物也还没有在空气中生活的机能。

浅海中的无脊椎动物是多种多样的,一般隐伏在各类海藻中,共同生活,并以微小的有机物作为食料,生育繁殖。寒武纪的生物,形态奇特,和现代地球上能看到的生物极少相似之处。

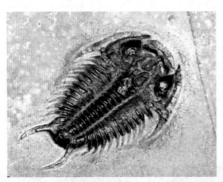

三叶虫化石

(1)无脊椎动物

节肢动物的三叶虫是寒武纪最繁盛的生物,约占当时全部生物的60%,是古生代早期一类比较高级的无脊椎动物。根据形态概略地讲,早寒武世的三叶虫,一般是头部巨大,尾部短小,如小遇仙寺虫;中寒武世的,头尾大小近相等,尾部经常生长着不同型式的棘刺,如德氏虫、叉尾虫;晚寒武世的头尾多半是光滑的圆浑的。

腕足动物,约占寒武纪全部生物的30%。早、中寒武世的腕足动物,以贝体小、几丁质壳的无铰类为多,如小舌形贝、滇东贝等。原始的、具钙质壳的有铰类已出现在早寒武世。

古杯是一种多细胞的底栖生物,体形多变,有杯状圆锥形的单体,有树枝状的群体,更有弯围呈链状的,偶亦聚集形成巨厚的礁体。

寒武纪其他门类的无椎椎动物是较少的,仅占全部生物的10%。这是由于它们仍处于演化的低

小舌形贝

级阶段，贝壳还未具备案足以保藏成为化石的条件。腔肠动物的珊瑚似乎还不能分泌钙质，在寒武系仅找到一些可疑的遗骸：腹足类有平锥形的太阳女神螺；头足类的直伸形的伸角石、爱丽斯木角石；翼足类有软舌螺，有时密聚成层；瓣鳃类只有少量的代表。棘皮动物在寒武纪仅只产生了原始，小型的海林檎，还没有海百合、海胆等。棘皮动物在寒武纪开始产生了笔石，主要是营固着生活的树形笔石的低级群属。

太阳女神螺

（2）植物

钙质藻类依然是寒武纪浅海中的低级植物，最常见的是蓝绿藻类的葛文藻、灌木藻，经常与古杯共

古　杯

生，组成礁状灰岩。还有一种呈涡卷状的藻类，形体颇大，名为球状叠层石。这些藻类化石一般呈不规则的球状，由逐层扩展分泌的钙质固结而成。

大约二十五亿年前到五亿年前，生物界经历了元古时代的藻类繁荣时期，寒武纪的无脊动物第一次大发展期。

◆奥陶纪——无脊椎动物全盛时期（距今5.1～4.38亿年）

陆生的植物和动物，在奥陶纪尚未找到可靠的代表。但广阔的海域，繁育着大量的各门类无脊椎动物，除寒武纪业已产生的外，某些类群还得到进一步的发展，如笔石、珊瑚、腕足、海百合、苔藓虫和软体动物等。

（1）无脊椎动物

笔石是奥陶纪最奇异而特殊的类群，自早奥陶世开始，即已兴盛繁育，广泛分布，有的固着、有的匍匐、有的游移、有的漂浮。奥陶纪的笔石主要

叶笔石

是正笔石目的科属，如对笔石、叶笔石、四笔石、栅笔石等。

自中奥陶世开始，珊瑚大量出现。复体的里亨珊瑚，形态虽说还较原始，但已能够组成小型的礁

四笔石

体。单体牛角状的四射珊瑚，有扭心珊瑚、新疆珊瑚等。

苔藓虫出现于奥陶纪早期，演化快，属种多。有枝状的尼可逊苔藓虫、攀苔藓虫：围块状的古神苔藓虫，薄层状的变隐苔藓虫。

腕足动物在奥陶纪演化比较迅速，大部分的类群均有代表。钙质壳的有铰类盛极一时，几丁质壳

扭月贝

的无铰类则开始衰退。贝体较小，槽、隆发育，腹壳内具匙形台构造的共凸贝群，如杨子贝、三房贝、扭月贝等，多见于中、晚期；两体变凸，喙部发育，饰褶粗强的小嘴贝群，如孔嘴贝，小褶窗贝等，多

见于晚期；贝体近于方形，铰合缘长，壳饰或粗或细的正形贝群，如鳞正形贝、正形贝与德姆贝等，则分别盛产于奥陶纪的早、晚期。

软体动物的头足类，在奥陶纪的无脊椎动物中，数量是占优势的。有直长形的，震旦角石，有鬆卷型的，环喇叭角石和欧亚角石。直长的类型不仅特别繁多，而且壳体巨大，在浅海称雄一时。腹足类在奥陶纪演变显著，属群开始繁多。螺塔低宽的类型有马氏螺、蛇卷螺，螺塔直高的类型有脊旋螺、后纹螺。瓣鳃类仍较稀少，晚期逐

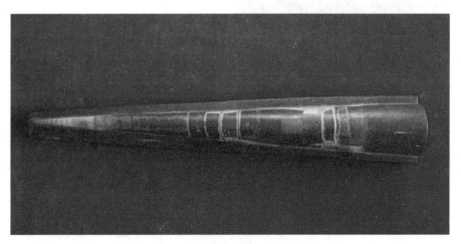

震旦角石

渐增多。

三叶虫继续兴盛发展，达到繁育高点的时代。为了适应不同的生活环境，形态演变多种多样。有的头、胸、尾三部份大小相等，壳体缓平，头、尾都缺少明显的装饰，如大头虫；有的头部既宽且大，前缘被一条平阔的围边所环绕，其上还排列着整齐的瘤粒，如隐三瘤虫；有的为了免于受害，在胸、尾装饰着尖长的针刺，如裂肋虫；有的壳体还能够卷曲成为球状，如隐

隐头虫标本

头虫。奥陶纪还出现了另一类节肢动物，即介形类。

棘皮动物在奥陶纪产生了较多的海百合类和各种海林擒。

（2）植物

奥陶纪的植物还是以海生的钙藻为主，偶而造成巨厚的石灰岩层。绿藻的管藻类也繁盛。

三叶虫化石

石灰岩

知识小百科

原角龙——狮鹫神话起源

科学史与民俗学家阿德里安娜·梅约（Adrienne Mayor），提出角龙类与原角龙保存良好的化石，被居住于中亚天山山脉、阿尔泰山脉的挖掘金矿游牧民族赛种——西徐安发现后，成为奇幻动物如狮鹫的形象来源。狮鹫被描述成有狮子的身体、大型爪、以及鹰头，它们在地面筑巢产卵。西徐安游牧民族告诉希腊人与罗马人，这些狮鹫发现于西徐安陆地上，也就是现在的中国西北与蒙古西南。狮鹫被叙述成在山上，与沙漠中的砂岩，守卫者地底的黄金。

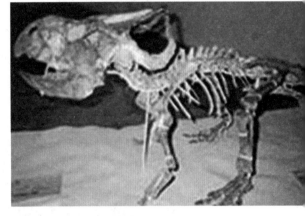

该地区有许多原角龙化石，而邻近山脉有许多金矿，因此产生理论认为原角龙化石是狮鹫神话的来源。

狮鹫兽-格里芬(Griffin)的传说，这种特别的生物也是人类老祖宗一路传递下来的传说之一。狮鹫兽简单地说就是百兽之王狮子和鸟中霸主老鹰的集合体。这种特殊的

生物可说是集合了老鹰的翱翔能力和狮子的凶猛杀气，因此在许多神话中都扮演着特殊的地位。

狮鹫兽由于拥有锐利的视线和爪牙，因此有时会被当作宝藏的守护者。在不少近代的奇幻作品中，狮鹫兽都扮演着精灵守护者的角色，他们虽然凶猛，但却可以透过心灵感应的方式和精灵沟通，甚至成为它们的交通工具和武器。不过，不知道什么原因，狮鹫兽似乎相当喜欢吃马肉，因此经常猎杀野马。

不过，狮鹫兽的神话缘起一直让人感到相当疑惑，有些专家认为是来自公元前三千年的埃及，甚至可能时间比这个更久远，有些人则认为这是来自于印度地区的神话。而原角龙的发现地点，蒙古的阿尔泰山也是狮鹫兽发源地之一。

裸蕨植物和鱼类时代

在距今四亿三千八百万年至三亿五千五百万年间，地质史上称志留纪和泥盆纪。这段时期，生物发展史上有两大变革，其一是生物开始离开海洋，向陆地发展。首先登陆大地的是绿藻，进化为裸蕨植物，它们摆脱了水域环境的束缚，在变化多端的陆地环境生长，为大地首次添上绿装。其次是无脊椎动物进化为脊椎动物，志留纪时出现的无颌甲胄鱼

盾皮鱼复原图

类，是原始脊椎动物的最早成员，但却不是真正的鱼类；到泥盆纪时出现的盾皮鱼类和棘鱼类才是真正的鱼类，并成为水域中的霸主。

甲胄鱼

◆ 志留纪——脊椎动物出现

（距今4.38～4.1亿年）

（1）脊椎动物

脊椎动物因其具有脊椎骨而得名。虽然有些无脊椎动物也有骨胳，但其骨胳是由动物分泌的机丁质或钙质组成，包裹在动物身体的外面，所以是外骨胳。而脊椎动物的骨胳——包括脊椎和附肢，是由骨细胞产生的骨组织，肌肉固着在其外，所以是内骨骼。脊椎是支持动物的中骨架，作为运动器官的附肢和保护内脏的肋骨均固著其上。脊柱和由其前部膨大而形成的头颅，同时又保护着中枢神经——脑和脊髓以及视觉、听觉和嗅觉

无脊椎动物

器官。所以脊椎动物的骨胳起着无脊椎动物外骨胳无可比拟的优越作用。

无颌鱼类

志留纪动物界进化主要表现在原始脊椎动物的发生和发展。无颌鱼类是迄今所知最古老的原始脊椎动物。这类鱼形动物和鱼类不同，还没有颌的形成，所以称为无颌类。化石无颌类的头部包裹在骨质头甲理，所以又称（甲胄鱼头）。最早的无颌类在距今五亿年前的奥陶纪已经出现，经过志留纪晚期至泥盆纪早期的繁盛时期，泥盆纪以后就灭绝了。盔甲类是东亚特有的无颌类，大量出现在中国志留纪、泥盆纪时期，后来展出的汉阳鱼、

多鳃鱼和三歧鱼都属于盔甲类。

（2）无脊椎动物

志留纪的无脊椎动物，大致继承着奥陶纪类群的面貌，虽说稍有差异，但看不出显明激烈的演变。

笔石仍然是志留纪的重要生物之一。在奥陶纪盛极一时的双列型笔石，大都高度特化，如细纲笔石，单列型的笔石则特别繁众，广泛分布，形态多变，如孔笔石、花瓣笔石、螺旋笔石、单笔石等。

志留纪是珊瑚类大发展的时期，出现了许多新的科、属。床板珊瑚以蜂巢珊瑚、链珊瑚等为主；

链珊瑚化石

单体四射珊瑚，除单带型以外，还产生了变双型的，如拟包珊瑚、泡沫链珊瑚；复体四射珊瑚有十字珊瑚、古珊瑚等。

在这时期，海蕾开始出现，海林擒较多。海百合却相反，繁盛多彩，分枝演变，它们的钙质骨瓣形成奇特排列组合，如大竹海百合、螺旋海百合、花瓣海百合等。志留纪海百合的茎柄大都是细长的，环节贯连，冠部或如花苞，或似果蕾，清澈的水底遍布着这类（水百合花），确实增加了美丽壮观的色彩。

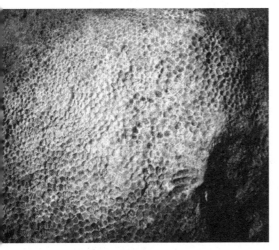

蜂巢珊瑚化石

王冠虫化石

三叶虫类在志留纪渐趋减少，若干科、属减绝消失，但数量上仍然是多的。有的头、胸、尾还是显明的三分型式，光滑无饰；有的则头部遍布瘤粒，胸、尾、肋的节数较多，形态相当美丽，如王冠虫；有的为了增加抗敌器官，全壳遍布棘刺，如角头虫；壳头卷曲呈球状的隐头虫，继续繁盛。

介形类动物的演变不太显明，仍以个体巨大，壳面光滑，仅具隆脊或凹槽的属群为多。

层孔虫类虽初见于奥陶纪，但志留纪较繁盛。一般多呈团块状，偶也形成礁头，主要的有纲格层孔虫、蜂巢层孔虫等。

志留纪的早、中期，苔藓虫继续演育，种类增多，常见的是具多数细弱分枝的群体类型。

腕足动物在志留纪依然占有重要地位，已出现于奥陶纪的类群继续发展，同时还产生了若干新的科、属。概括地讲，正形贝类趋于衰退，残存的是铰合线短、贝体圆形的德姆贝类；扭月贝类除小苏维伯贝，薄皮贝外，还出现了铰缘具

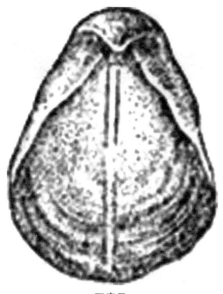

五房贝

无洞贝

列齿的类型，如腹壳凸的齿扭贝和背壳凸的小形贝；小嘴贝类仍是多种多样，主要有盖嘴贝、超嘴贝；五房贝、肋房贝、期特兰贝等。另外，无洞贝和始石燕等是较为重要的代表。

瓣鳃类在数量上虽有所增多，但属群基本上与奥陶纪的相近似，没有特殊差别。如轴唇厚、窄脐的异唇螺，缝合线深，螺环中部具裂带的荣房螺。头足类的鹦鹉螺群，在志留纪发展到高峰，一般壳体较小。外形多变，如六裂角石，斜轮角石等。

（3）植物

数量很少，并且残破支离，包括一些丝状的碎片和细小的叶苞，最大的长约2厘米，宽约1厘米，菌藻类的钙藻在志留纪是繁盛的。

◆泥盆纪——植物登陆、鱼类昌盛（距今4.1～3.55亿年）

（1）脊椎动物

盾皮类是戴盔披甲的鱼类，它们是甲胄和化石无合类不同，是由覆盖头部的头甲和包裹躯干的躯甲两个单元组成，展出的东生清鳞鱼就是很好的例子，盾皮类是一支古老的有合脊椎动物，和其它鱼类及高等脊椎动物一样，最前面的鳃弓发展成摄取食物的合，合上装备了牙齿。合的出现是脊椎动物进化中

软骨鱼纲

的一次重大革命，无合类只能被动地过滤水中的细小有机体，而有合类可用合主动摄取食物。盾皮类是一个种类繁纷的家族，在泥盆纪为其全盛时期，但随着泥盆纪的结束而趋于消亡。展出的云南鱼、武定鱼、般溪鱼，是部分不同种类的盾

高等脊椎动物——海龟

皮类的头甲。

鱼类中获得最大成功的要属硬骨鱼力软骨鱼类，二者在泥盆纪时虽在种类和数量上还远不能与无合类的盾皮类匹比，在随后的时间里它们日益繁盛，现生的鱼类都属于这两类。

硬骨鱼类的一支称为肉鳍类，包括终鳍类的肺鱼，因为它们的鳍具有发达的肉质柄，柄内的骨骼和高等脊椎动物的四肢骨相似，所以科学家们相信它们中的一支是四足脊椎动物的祖先，在泥盆纪晚期发

展出两栖类。因此早期终鳍鱼类特别受到古生物学家的青睐。发现于中国云南早泥盆世的著名扬氏先驱鱼乃是当前所知最早的终鳍类代表。肉鳍类在中晚泥盆世甚是繁盛，以后逐渐衰落，现在残存的仅有南美洲肺鱼、澳洲肺鱼和极为罕见的终鳍类拉蒂曼鱼。

另一支硬骨鱼类在古生代时身体都覆盖厚重的菱形鳞片，因为鳞片表面敷以发亮的名为硬质的物质，所以它们被称为硬鳞鱼类。像吐鲁番鳕、长兴鱼、重庆鱼、中华

肺鱼

中华鲟

弓鳍鱼都是这类的代表。至中生代后期，硬鳞鱼类日趋衰落，现在还生存的硬鳞鱼极为稀少，生活在中国长江的中华鲟堪称硬鳞鱼类中的活化石，被列为国家一级保护动物。

在生存竞争、优胜劣汰的自然规律下，到中生代后期硬鳞鱼逐渐被它们的后裔真骨鱼取代。真骨鱼类的鳞片由于硬质退化只保留骨质基屑，因此薄而富有韧性，既不失去鳞片保护作用，又拥脱了硬鳞的沉重负担，增加了灵活性。所以从中生代后期至今，真骨鱼类在进化中不断完善自己，长盛不衰，由海洋到江湖河流无处不在，成为世界上最宠大的脊椎动物。现在的狼鳍鱼和昆都伦鱼都是原始的真骨鱼类代表。

真骨鱼

旋齿鲨

　　软骨鱼类除了覆盖身体的细小盾鳞，所有骨骼都是由软骨组成，从不骨化。现海洋中的各种鲨鱼和银鲛，就是这类鱼的代表。软骨鱼类从泥盆纪出现至今，在数量上一直没有大起大落，只有少数种类在古生代后期至中生代早期曾入侵到淡水中。软骨鱼类局限于海洋。软骨鱼类所以能够一直延续下来，是得益于它们是个内受精和富含蛋黄的卵，这是繁衍后代的有力保证。因为软骨鱼类骨骼为软骨性，在化石中不易保存，所以常见的化石是牙齿和鳞片。中华旋齿鲨是其齿旋的一部分，这类牙齿在西藏珠峰也有发现。

　　（2）无脊椎动物

　　珊瑚类在泥盆纪极度兴盛，占全部生物群的首位。四射珊瑚以变带型为主，单业属群尤多，如绳珊

珊 瑚

瑚、日射脊珊瑚；有的则内连特别发育，如内连珊瑚、清壁珊瑚。最使人感兴趣的是形状像拖鞋的拖鞋珊瑚和像硬币的珊瑚，广泛分布在我国西南各省。复业的属群也较多，而且形式美观，可分为两大群别：一是四射珊瑚，虫体通常较大，具完美的隔壁，如分珊瑚、杯珊瑚、六方珊瑚等；二是床板珊瑚，单独个体一般细小，没有隔壁，仅具床板，如厚巢珊瑚、鳞巢珊瑚和最常见的蜂巢珊瑚，后者的直经可连二米以上。珊瑚类是泥盆纪的主要造礁者。

腔肠动物的另一类——层孔虫在泥盆纪聚增，为其极盛时期，团块状的群体，如层孔虫、秃柱层孔虫常造成宽厚礁体，是泥盆纪的另一个造礁者。

泥盆纪是苔藓虫的繁盛时期，常见于身奥陶、志留纪的科、属多遭淘汰，新兴起的是枝状、网格状和团块状的类群，鳞枝苔藓虫等。

　　腕足动物的类群在泥盆纪几乎有代表，在属、种与个体的数量方面，与其他无脊椎动物相比较，均占优势。正形贝继续衰减，以具疹质壳、贝体呈圆形、饰纹细密的为主，如兰婉贝、裂线贝等正形贝类；具扭月贝类除已见于志留纪的属群以外，还有贝体呈长方形、腹壳凸隆、背壳凹陷、前缘折曲、列齿发育、饰纹粗细相间的奇扭形贝、天轴扭形贝与贝体扁平、前缘凹缺、饰线多呈簇形的双腹扭形贝，波纹扭月贝等。长身贝类的原始份子，出现于泥盆纪早期。隐孔贝、钩形贝、纳云贝等是在泥盆纪岩层经常看到的小嘴贝类。演化比较高级、具各类形式腕螺的腕足动物，在泥盆纪特别兴盛，重要特征是贝体主端尖突延伸、饰线粗强、槽隆发育，我国西南地区常见的有弓石燕、巅石燕等。其他无窗贝类有广西贝、准无窗贝；无洞贝类有刺无洞贝、剥鳞贝等。穿孔贝类的

弓石燕化石

鹦鹉螺

鹦头贝

壳面光滑、喙部钩弯的鹦头贝、布哈丁贝都是泥盆纪特有的份子。

软体动物的头足类，鹦鹉螺群直伸型的科、属缝合线还保留其原始性质，仅壳面装饰稍有变化；旋辅型的科、属、壳体依然光滑无饰，但形态特殊，如洛里角石；多数则具不同形状的瘤刺，如中泥盆世的四瘤角石。菊石群无疑是从鹦

鹉螺群演化而出来的，许多形态特微尚兴鹦鹉螺近似，但缝合线欲是无角石型，旋卷疏松的有埃雨本菊石，松卷菊石旋卷紧密的有尖棱菊石、海神石等。

在淡水中营生的瓣鳃类，于泥

棱菊石

盆纪开始出现。

腹足类经常和瓣鳃类共生，数量较稀少。软业动物的竹节石类在泥盆纪的地屑中，偶也十分丰富，如塔节石、同环节石等。

棘皮动物在泥盆纪相当繁盛，以海百合类兴海蕾类为多，在浅海组成美观的群落。海林禽类已残存无几。

虽然说在志留纪节肢动物的三叶虫已渐趋减少，但泥盆纪尚有相当数量的属群，而且形态变异，十分明显。保守的属群可以格棱虫为代表，特化的可以轮刺虫为代表。

泥盆纪介形类的壳体较小，主要装饰有粒痕、细纹和短刺，大的

三叶虫

凸粒与凹槽较少，如字介。

在泥盆纪的地屑中，曾经发现少量无翅的昆虫化石，如蜘蛛类。能够呼吸空气而生活的无脊椎动物的出现，是动物界的一大跃进。

（3）植物

在泥盆纪，尤其自中泥盆世开始，陆生植物获得普遍发展，大地初披绿装，这是植物发展史上一个重大的跃进。泥盆纪早期的陆生植物，形态单调，分枝的经轴是裸露的，尚无叶，仅有刺状的突起或单派的锥形体。后来逐渐演变，出现了多种的原始乔木植物和低级的裸子植物。

棘皮动物

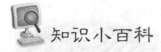
知识小百科

意外北票龙

　　产于义县组下部的又一种兽脚类恐龙是意外北票龙，它的发现正如它的种名一样实属意外。1997年，北票市化石管理处的李荫仙先生向中国科学院古脊椎动物与古人类研究所捐献了一堆比较破碎的化石，当时谁也没想到，从这么一堆看似无足轻重的破碎化石竟然"飞"出了"金凤凰"，研究者徐星副研究员经过认真细致的钻研，发现它是镰刀龙超科中的一种新的重要成员。

　　由于镰刀龙类的形态非常奇特，古生物学家们对这类动物在恐龙大家族内的系统分类一直存在争论。意外北票龙的发现表明，镰刀龙类是食肉恐龙当中非常特化的一个类群。另外，意外北票龙还保存了与中华龙鸟相似的细丝状皮肤衍生物，表明这种细丝状皮肤衍生物可能在许多兽脚类恐龙类型上都有生长，它代表了后来出现的鸟类羽毛的演化初级阶段。

蕨类植物和两栖动物时代

在距今三亿五千五百万年到二亿五千万年的石炭纪和二叠纪时期，陆生生物飞跃发展。石炭纪时裸蕨植物已绝灭了，代之而起的是石松类、楔叶类、真蕨类和种子蕨类等植物，它们生长茂盛，形成壮观的森林。与森林有密切关系的昆虫也发展迅速，种属激增，估计到二叠纪末期已有几万

蕨类植物

石炭纪

种昆虫。此外，脊椎动物也在石炭纪时向陆上发展，但因为不能完全脱离水域生活，只能成为两栖类动物，到二叠纪末期，两栖类逐渐进化为真正的陆生脊椎动物——原始爬行动物。

◆ 石炭纪——壮观的蕨类森林
（距今3.55～2.90亿年）

（1）无脊椎动物

原生动物的有孔虫与䗴是石炭纪生物中特别重要的类群。有孔虫类常见的有小管杖虫、布拉德虫。䗴类个体稍大，外形近似麦粒，骸体构造复杂，如早石炭世的纺锤䗴；晚石炭世的麦䗴。有孔虫与䗴两类经常共生，骸体虽微小，但千万群集，有时可造成相当厚度的岩屑。

和泥盆纪的比较，石炭纪的珊瑚在类群兴数量上仍然不少，而且骨骸复杂，独具特色，发展到更高的一级。四射珊瑚具有了中轴和复中柱，组成三带型的骨骸构造；单业的如贵州珊瑚、蛛网星珊瑚；板珊瑚在石炭纪显着衰退，以米契林珊瑚等属群较为重要。

苔藓虫在石炭纪的早期相当繁多，尤以窗格苔藓虫的属群最为突出。此外，板苔藓虫、多孔苔藓虫也是常见的。

腕足动物，在类群上较少，但数量上却很繁多，依然占有相当的重要地位。正形贝类除仍遗存少数的扇房贝、裂泉贝外，全角贝、裂泉贝，全角贝是石炭纪产生的新份子。扭月贝类在石炭纪呈现跃

板珊瑚

进式的发展。贝头扁圆，铰合线直长的科、属，数量减少，重要的仅有仅直形贝，帅尔文贝等；而腹壳强凸，背壳平凹的科、属则盛极一时，几乎占石炭纪腕足动物的半数以上。重要份子有轮刺贝、网格长身贝、大长身贝等，后者最大的宽度可连35厘米以上。与扭月贝类同样众多的是石燕灰，如分喙石燕、接合贝等。小嘴贝类和穿孔贝属群，在石炭纪也是比较繁多的。

软体动物头足类的鹦鹉螺，在石炭纪续衰退，丧失其重要性；同时，菊石类却迅速发展，数量大

菊石化石

增。早石炭世属群的缝合线多为棱角石型，如壳体近于内卷、呈球状、脐部窄小的棱菊石；早石炭世末期的属群，更产生了具菊石型缝合泉的，如壳体近般状，脐缘饰有肋状短瘤的真形菊石。

瓣鳃类以海扇类较多，一般壳体扁平，耳部发育，如小羽扇。

腹足类产生了一些特殊的属群，根据它们的壳形和装饰，易于判别，如盘脐螺、泡形螺类。

棘皮动物的每百合类，在石炭纪早期仍然相当繁多。

分喙石燕化石

蟑螂

节肢动物的三叶虫在石炭纪大量减少，残存的仅有变切鱼虫等少数属。

生活在陆上的昆虫出现于石炭纪，有蟑螂类和蜻蜓类，后者最大的达30厘米。

能够生活在淡水中的腹足类和介形类，在石炭纪也开始出现。

（2）植物

石炭纪是植物的大发展时期，软木质的树林，丛生在潮湿低地，落叶植物还未产生，高大的石松类，木贼类等孢子植物，覆盖广阔的原野。

蕨类植物的种类在石炭纪是很多的，其高大程度确实惊人，叶子有的长达2米，而不分枝的树干竟高达17米，种子蕨类更为茂盛。

石松

木贼类是石炭纪另一繁多的植物，同现代的木贼一样，它的轮叶，很易被误认为是它的花。当时最大的木贼，直径达30厘米，高达10米以上。

鳞木

木　贼

鳞木类在石炭纪更进一步的发展，主要有鳞木和封印木。鳞木的树干高大，顶部分枝，形成树冠，新枝生长着脸形的叶子，近似现代松的松针，最大的鳞木化石可高达38米。最大的封印木根部直径

2米，曾经报道有一个树干化石标本，其长竟达35米，还没有看到有分枝的现象。

柯达树是石炭纪至二叠纪特殊的植物，可能是松柏类的前驱，具有粗强的木质枝干，平行脉的叶子。石炭纪植物群落的面貌，在地球各大区域基本上是一致的，但已开始有了明显的差别。

◆ 二叠纪——两栖动物大发展（距今2.9～2.5亿年）

（1）脊椎动物

由生活在水域中到生活到陆地

73

上是脊椎动物发展史上一次革命性地转变，而两栖类则是这个转变过程中承前启后的过渡类型。脊柱动物由水到陆必须解决适应陆地生活环境的三大课题，其一是支撑和运动，鱼形动物是靠水的浮力，不存在支撑体重问题，尾和鳍则是其运动器官。为了适应陆地生活，必须把偶鳍改造为四肢来完成支撑体重和运动的双重任务；其二是由用鳃呼吸溶解在水中的氧，改为用肺呼吸空中的氧；其三还必须防止体内和卵水分的蒸发。两栖动物在克服水分蒸发方面并不十分成功，所以它们只能生活在河、湖岸边和沼泽区这样潮湿地带，而它们的卵仍像鱼类一样必须在水中发育成幼体。所以两栖类在

地球上生存的面积有限，种类始终不多。

最早的两栖动物是称做鱼石螈的迷齿类，发现于晚泥盆世。它们具有与鱼类相似的尾，腹部还保留着鳞片，组成头颅的骨片排列形式的则兴肉鳍中的终鳍鱼类的相似，牙齿和某些终鳍鱼类的一样横切面显示出复杂的琳琅纹路，所有具这类牙齿的两栖类统称为迷齿类。乌鲁木齐鲵和短头鲵都属迷齿类。

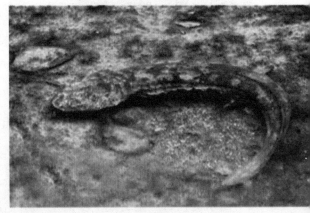

鲵

鱼石螈

到石炭纪时，两栖动物已有相当的发展，至二叠纪时，发展可谓一日千里，无数种两栖动物匍匐爬行在水边，到二叠纪末期，逐渐演化为真正的陆生脊椎动物——原始爬行动物。

（2）无脊椎动物

与石炭纪的类群相互对照，二叠纪的无脊椎动物与植物，都显示易于辨认的、过渡性质的演变；有的迫于生活环境，发展为新的高级类型；有的则极端特化，形成奇异、反常的生态，以延长其繁育时间，某些早已趋向衰退的类群，则归于减绝。

原生动物的蜓类达于极盛，是二叠纪主要造岩生物之一。壳来大小不等。大的达60毫米，如复通道蜓，小的不到3毫米，如古纺锤蜓；还有壳体近于球状的，如费伯克蜓。

腔肠动物珊瑚类的属群显着减少。四射珊瑚的复体者，有外壁不全、个体呈不规则多角形的多壁珊瑚，和外壁完全、个体为多边形的伊拨雪珊瑚。单体的有拟犬齿珊

珊　瑚

瑚。主要的床板珊瑚有早坂珊瑚。

腕足动物仍沿着石炭纪类群的面貌继续发展，但某些科、属则归于消失，如正形贝类。扭月贝类的长身贝群，仍然占有重要地位，有瘤褶贝、新轮皮贝等；石燕类的数量，仅次于长身贝群，有鱼鳞贝。二叠纪出现了少数极端特化的分子，如李希霍芬贝、蕉业贝。

苔藓虫的属群与石炭纪的基本上没有大的差别，只是数量大减。

软体动物的头足类，在二叠纪跃进到大发展的陛段，鹦鹉螺群残存无几。二叠纪的标准有瓦根菊石，假腹菊石。

腹足类较少变化，多数科、属是自石炭纪延续而来的，如秘鲁螺与棱螺。

瓣鳃类角以海扇最多，但耳部与壳面上的放射脊，不同属有各的特微。贵州海扇类的前耳约为后耳长义的两倍，放射脊在左瓣为插入式增加，在右瓣则为分叉式；葛梯

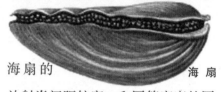

海扇的 海扇

放射脊间距较宽，和同等宽度的同心脊相交，组成格子状的装饰。

海百合类在石炭纪达于极盛，但它的四个目中的三个，欲减绝于二叠纪之末。海蕾、海林禽两类，遭到同样的淘汰，仅海瞻类继续延育。

腹菊石

海百合

节肢动物的昆虫类在二叠纪趋于兴盛，属种也多变异，小个体的逐渐代替了大个体的，同时出现了某些接近于现代昆虫的新种类。蝉螂类虽说比较多，但其重要性显然减低。各种的蜉蝣相当兴盛，二叠纪晚期还产生了甲虫类。

蜉 蝣

总之，在二叠纪之末，蜓、四射珊瑚、三叶虫等，均完全减绝；苔藓虫、腕足动物、棘皮动物和软

三叶虫化石

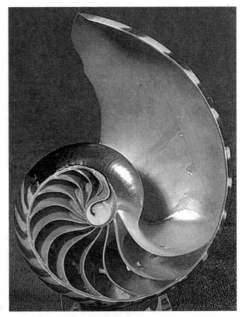

鹦鹉螺

体动物的鹦鹉螺与棱菊石群的大部分，或者显着衰退，或者淘汰殆尽，同时某些曾仅能过适应生活于海域的类群，开始具有了生活于淡水的习性，更有一些类群登上了陆地，飞翔在空中。

（3）植物

二叠纪的植物景观的主要特点是石炭纪的一些植物逐渐衰落，中生代的类型开始兴起。

二叠纪早期的植物，鳞木类已经残存无几。其它如楔羊齿，栉羊

单网羊齿化石

齿、轮叶等，还大部份是石炭纪晚常见的种群，只是栉羊齿特别兴盛。卢木类趋于衰退。在二叠纪，亚洲东部繁盛的华夏植物群中，出现了像织羊齿、单网羊齿等和以网状叶脉为特微标志的植物群。稍

晚，银杏类的楔银杏、苏铁类的侧羽叶与带羊齿等，具有中生代色彩的裸子植物，逐渐增多了。

二叠纪晚期，大羽羊齿的叶子有时长达30厘米，宽达15厘米，这种大叶的羊齿在亚洲东部广泛分

大羽羊齿化石

布，所以这个地区的植物群被称做大羽羊齿植物群。此外，还产生了鳞杉、束羊齿和瓣轮叶的一些种

蕉羽叶化石

群。枝派蕨、蕉羽叶、扇叶等，一些具有十分强烈中生代色彩植物群的出现。这说明古生代的植物已趋衰退，逐渐过渡为另具一格的中生代植物。南半球（岗瓦纳大陆）的植物群，与北半球是不相类似的。这一地区的典型代表是舌羊齿，所以也叫做舌羊齿植物群，这类舌羊齿一直生存到中生代早期才消失。

知识小百科

最后灭绝的恐龙

作为一个大的动物家族，恐龙统治了世界长达1亿多年。但是，就恐龙家族内部而言，各种不同的种类并不全都是同生同息，有些种类只出现在三叠纪，有些种类只生存在侏罗纪，而有些种类则仅仅出现在白垩纪。对于某些"长命"的类群来说，也只能是跨过时代的界限，没有一种恐龙能够从1亿4千万年前的三叠纪晚期一直生活到6千5百万年前的白垩纪之末。

也就是说，在恐龙家族的历史上，它们本身也经历了不断演化发展的过程。有些恐龙先出现，有些恐龙后出现；同样，有些恐龙先灭绝，也有些恐龙后灭绝。

那么，最后灭绝的恐龙是哪些呢？显然，那些一直生活到了6千5百万年前大绝灭前的"最后一刻"的恐龙就是最后灭绝的恐龙。它们包括了许多种，主要有素食恐龙和肉食恐龙。其中，素食的恐龙有三角龙、肿头龙、爱德蒙托龙等等；而肉食恐龙则有霸王龙和锯齿龙等。

裸子植物和爬行动物时代

古生代末期，地球上全部生物界发生了一次明显的衰退和淘汰。但各门类生物仍有不少科属得以延续。到距今二亿五千万年至六千五百万年前，生物史称为中生代，包括了地质史的三叠纪，侏罗纪和白垩纪。中生代生物界最大的特点是继续向适应陆生生活演化，裸子植物进化出花粉管，能进行体内受精，完全摆脱对水的依赖，更能适应陆生生活，形成茂密的森林。动物界中爬行动物也迅速发展，演化出种类繁多的恐龙，成为动物界霸主，占据了海、陆、空三大生态领域。

古生代末期，地球上全部生物界发生了一次明显的衰退和淘汰。各门类生物仍有不少科、属继续延存。

◆三叠纪——稞子植物兴盛时代（距今2.5～2.05亿年）

（1）脊椎动物

三叠纪虽然部分继承了古生代的生物成分，但出现了更重要的新生物类型。在脊椎动物中，除新出

武氏鳄

现龟鳖类外，更为重要的是槽齿类爬行动物的出现，并从它进化出鳄类、恐龙，以及后来的翼龙、鸟类等，为地球开创了一个崭新的生物局面。武氏鳄、吐鲁番鳄均为早期槽齿类代表。不过，三叠纪最具进化意义的事件就是哺乳动物的出

现，它是从一支基底爬行动物进化来的。当时它虽还弱小，但进步的构造特征预示它日后统治世界的强大生命力。肯氏兽类是爬行动物向哺乳动物进行过程中的一旁枝。

（2）无脊椎动物

三叠纪的棘皮动物，海瞻类主要是规则型的，如豆巾海瞻；海百合类有创孔海百合与等乘海百合。

原生动物有孔虫类，在早三叠世很少，中至晚三叠世有壳体呈高螺旋状，脐缘作星射状，并具裂片形边缘的变口虫，各壳体为平包旋式、具变脐、两侧对称的砂管口虫。

软体动物头足类的菊石群，在三叠纪出现了重大的发展，不仅科、属十分繁多，而且壳体还具有特殊的装饰与缝合线型式。一般来

吐鲁番鳄

说，早三叠世菊石的
壳体，大部分是光滑或
仅有细弱的纹饰，缝合
线是简单的菊面石型，
如蛇菊石、米氏菊石。中
三叠世的菊石，壳体表面
经常有发育的肋或皱纹，
偶尔还附有突瘤，缝合线
已出现了菊石型的生物，如
粗菊石、齿菊石等。晚三叠
世的菊石，壳形与装饰的变
异更多变化，某些属群的缝
合线型式的复杂程度达到
高峰，如薄牌菊石。在三
叠纪末期，某些菊石类
的科、属，还出现了特
化或衰退，如壳体变为外
卷型的弛卷菊石，壳体呈塔状
的螺旋菊石。三叠纪早期还产生
了箭石类。

蛇菊石化石

　　瓣鳃类的数量上大为增多，
产生的壳体近于圆形，具小的前
耳，同心线和放射线都很细弱的
克氏蛤；壳体长方形、铰边长而
直，有三至四级粗细不等放射线的
正海扇。同时，还出现了许多新
科、属，如壳体较大，凸度扁平，
放射线相当发育的海燕蛤，鱼鳞

鱼鳞蛤化石

蛤；壳体亚方形，后耳较为发育，放射线较粗的髻蛤。

腹足类在三叠纪同样趋于繁盛，主要的属有蛛形螺，宽边螺、粗蜓螺等。

腕足动物的科、属大为减少，主要的仅有小嘴贝类、石燕类和穿孔贝类。小嘴贝类独占优势，有的壳褶稀少，隔板槽发育的变槽嘴贝。石燕类较少，有的贝体呈金字塔形，具美丽、叠瓦状同心层、壳疹稀疏的叠鳞贝。穿孔贝类稍多，一般呈长卵形，光滑无饰纹，如三

瑞提贝化石

桥贝、瑞提贝等。另外，准康尼克贝是三叠纪特有的腕足动物。

三叠纪的珊瑚类都有六个原生隔壁，故名六射珊瑚。复体的有匾

六射珊瑚化石

石 蝇

珊瑚，单体的有亚锥形、侧脊粗强的前环珊瑚。

介形类仅有少数属小荷而介，延续到三叠纪。新兴起并且繁多的，海相的有匈牙利介、双角上菱介等，陆相的有达尔文介、铜川介等，介壳或光滑或仅有细纹，小刺、弱脊等装饰。

三叠纪出现了少数的虾类，昆虫类除蟑螂和甲虫类外，石蝇在三叠纪也已经出现。

（3）植物

三叠纪早、中期植物的面貌多为一些耐旱的类型。晚三叠世生长

在沼泽中的木贼类、羊齿类相当繁茂，低丘缓坡则布有和现代相似的常绿树，如松、柏、苏铁等。盛产于古生代的主要植物群，几乎全部减绝，种子蕨大部消失，柯达树类趋于衰减。

苏 铁

◆侏罗纪——恐龙世界（距今
2.05～1.35亿年）

（1）脊椎动物

侏罗纪是各类恐龙的鼎盛时
期，各类恐龙济济一堂，构成一幅
千姿百态的龙世界。酋龙、单棘
龙、沱江龙只不过是庞杂的恐龙世
家中的个别代表。其实，当时除陆
上的恐龙，水中的鱼龙外，翼龙和
岛类也相继出现了。这样，脊椎动
物便首次占据了陆、海、空三大生
态领域。侏罗纪的龟类已至繁盛，

鱼 龙

中国龟、天府龟是当时的代表。

（2）无脊椎动物

侏罗纪最特殊的有孔虫是圆皿
虫，壳体平圆或变凸，壳缘两侧膨
胀，以致外形很像哑铃。圆扇虫也
较常见，一般壳业稍大，扁平，
圆扇状，壳面具同心纹。

单棘龙化石

软体动物头足类的菊石群，在侏罗纪达于极盛，壳体很大或较小，外形和壳成装饰也呈现出多种形式，缝合线全为真正菊石型。斯台芬菊石兴旋菊石两属群在侏罗纪占优势。侏罗纪的箭石类数量大增，属群也趋于繁多。

瓣鳃类以三角蛤、卷嘴蛎、笋海螂等科、属的大量出现为其主要特征。另外，螺形蛤科与变角蛤科的出现，成为固着蛤群兴起的先驱。

腹足类可以无沟螺和似蜓螺做

石芝珊瑚

为判定时代的代表。生活于淡水中的腹足类很多，如田螺、大殹螺等。

珊瑚类相当繁盛，大部分是复体的，经常聚成礁。如珊瑚体为业状，由多中心的个体群集的贺圆棍珊瑚；平殹状单体，圆形或椭圆形，外壁穿孔，隔壁脊刺状，隔壁侧缘齿状突起发育的石芝珊瑚。

棘皮动物自侏罗纪开始，产生了左右对称的海瞻类，但规则海瞻仍然占有一定的地位，如平门的海瞻。最有兴趣的是海百合类的五角

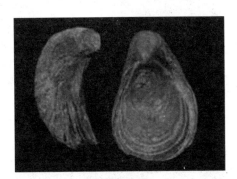

卷嘴蛎化石

海百合，茎柄长达15米以上，冠部的直径兴高度均近1米，是地史上出现的最大的海百合。

腕足动物数量继续减少，但科、属则较三叠纪增多。石燕类仅见于早期，随即减绝。而小嘴贝类与穿孔贝类则极度分化，属种繁多、构造复杂、数量大增；如小嘴具缅甸贝、皱嘴贝等，穿孔蛤类的清孔贝、网孔贝等，都是比较重要的属群。

节肢动物的介形类，海相和陆相科、属在侏罗纪都比较兴盛。

侏罗纪产生了新类型的叶肢介，介瓣上同心纹之间的网状、线状或枝状的装饰，最常见的有东方

甲虫

叶肢介。

大约有一千种以上的昆虫产生在侏罗纪，绝大多数都延存到现代。除已有的蟑螂、蜻蜓类，甲虫类外，还有蛴螬类、树虱类、蝇类和蚝虫类。

（3）植物

在侏罗纪的植物群落中，有许

叶肢介化石

蛴螬

苏 铁

银 杏

覆掩地面；在比较干燥的地带，生长着苏铁类和羊齿类，形成广阔常绿的原野。

侏罗纪之前，地球上的植物分区比较明显，由于迁移、演替等原因，侏罗纪植物群的面貌，地球各区趋于近似，这说明侏罗纪的气候大体上是相近的。

多是晚三迭世延续存在的份子，与现代的植物景观比较，仍然有较大的差别。主要植物是木贼草、草本和乔木状的羊齿类与苏铁类，松柏类和银杏类。密集的松、柏混杂着银杏与乔木羊齿，共同组成茂盛的森林；草木羊齿尖和其它草类则遍布低处，

羊 齿

◆白垩纪——鸟类和被子植物渐露头角（距今1.35～0.65亿年）

（1）脊椎动物

白垩纪是中生代最后一个时期，恐龙仍繁盛，并进化出恐龙的最后一支——角龙。但到白垩纪末期，由于环境的突变，所有恐龙以及鱼龙和翼龙全部都灭绝了，称雄一时的爬行动物至此一蹶不振，退出了历史舞台，闯过此关而且残留至今的只有鳄类、龟鳖类、蛇和蜥蜴等少数几类。随着地史进入新生代，新兴的哺乳动物取代了爬行动

物的位置，成为世界的主人。

鸟类是脊椎动物向空中发展取得最成功的一支。鸟类起源于爬行动物的槽齿类。现在不少人已更进一步认为鸟类是恐龙的后裔。

世界是最早的岛类是发现于德国的始祖鸟。迄今为止只发现七件骨骼标本。这一鸟类除身披羽毛外，其余特征和一些小型恐龙十分相似。因此，这一距今一亿四千万年的晚侏罗世纪鸟类是最原始的鸟类。

早白垩世（距今一亿三千万年左右）是鸟类首次蓬勃发展的时期。中国辽宁发现的鸟类化石是这一时期世界上最为丰富、保存最完

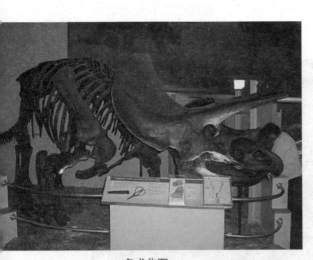

角龙化石

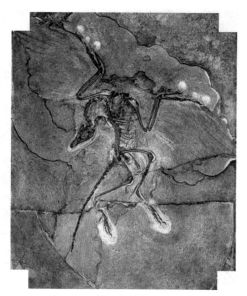

始祖鸟化石

整、种类最多的鸟类。这一时期，鸟类个头较小，飞行能力及树栖能力皆比始祖鸟大大提高。

新生代（距今六千五百万年前至今）才是鸟类取得真正大发展时期。鸟类的生活空间也由空中发展为海陆空的全面占领。

（2）无脊椎动物

原生物的有孔虫类是白垩纪重要化石之一，经常组成巨厚的白垩岩层或白垩灰岩，分布范围极广，遍及全球。白垩纪有孔虫的属种繁多，底栖的壳体较大，近锥形，壳

顶高突或呈阔般形的圆盘虫；浮游的有壳体变凸，近球形检，虫室被截切的球截虫；底栖的还有壳体双凸或亚球状，壳体横长似纺锤的圆片虫。

白垩纪是菊石群，除去正常具平缓旋螺形球的刺菊石、盔菊石外，还产生了一些壳形十分特殊而反常的科、属。有的壳体变为直柱状，如棒菊石；有的旋圈分离，不相卷合，如公羊齿菊石；有的壳体直而两端弯曲，如钩菊石；有的更像高塔型的塔菊石等。中生

钩菊石化石

代盛极一时的菊石群，由于生活条件发生了较大的更易，为了竞存，在晚白垩世，壳形与缝合线两方面都出现了明显的变化与矛盾，但最终还是没有逃脱新陈代谢的自然规律，而全部灭绝了。

箭石类继续繁盛，并出现了些特殊的属种，如扁形的杜瓦箭石。

瓣鳃类的一些科、属，在白垩纪继续繁育，例如卷嘴蛎、三角蛤等。

腹足类在数量上继续增多，科、属分异显著，形态变化特殊，如新轴螺。

珊瑚类大多数均与现代仍然生存的近似，但是构造更为复难，形态多变，般状的有似圆列珊瑚；柱状或枝状的有角孔珊瑚；脑状的有菊花珊瑚。

腕足动物在白垩纪继续衰退，

菊花珊瑚

小嘴贝类仅残存数属群，饰褶一般比较细密，如圆孔贝等，穿孔贝尚多，或大或小，有的光滑，有的具放射线，如鞍孔贝、平孔贝等。

棘皮动物仍以海瞻类为主，海百合类次之。海瞻类的属群与现代的大致近似，一般是心脏形的，如半星海胆、坚实海胆等。海百合类多数是浮游型的。

节肢动物的介形类，海相与陆相的均极繁盛，海相的如浪花介，壳体侧视近圆形，前端压缩，后端微凸，光滑或具异常细微的同心断

角孔珊瑚

续的肋线，陆相的如女星介，壳体亚方形，左壳大于右壳，壳面具突粒或较大的瘤与突刺。

昆虫又增加了和现代近似的属群，如蝶类、蜂类、蝗类、蟋蟀类等。大约在白垩纪末期，昆虫开始

现不同形态的属种。

（3）植物

白垩纪的植物景观，显示植物演化史上最大的变革。以裸子植物为主的植物群落，在白垩纪早期仍然繁茂，高大的乔木类如松柏、银杏和矮小的苏铁类组成广阔的森林，草木的蕨类、苔藓类则 生在地面；同时，出现了双子叶与单子叶的被子植物。白垩纪的晚期，被子植物迅速兴盛，代替了裸子植物

习惯于吸取植物花中的蜜汁，成为传播花粉的媒界。

此外，暇、蟹类的高级节肢动物在白垩纪得到进一步的发展，出

而占优势，形成延续到现今的被子植物时代，诸如木兰、柳、枫、白杨、桦、棕榈等，遍布地表。现代类型的松柏，甚至像水杉等都是在白垩纪晚期产生的。

被子植物的出现和发展，不仅是植物界的一次大变革，同时也给动物界极大的影响。被子植物为某些动物，如昆虫、鸟类、哺乳类提供了大量的食料，使它们得以繁育滋生；从另一方面看，动物传播花粉与散布种子的作用，同样也助长了被子植物的繁茂和发展。

被子植物和哺乳动物时代

从六千五百万年前到今天，生物发展史上称新生代，包括了地史的第三纪和第四纪。中生代末期，生物界又一次发生了剧烈的变革，极度繁荣的恐龙突然绝灭；海域里很多无脊椎动物如海蕾、海林檎、菊石、箭石等，也未能够逃脱这次巨变而遭淘汰。然而，进入新生代，一些类群如鸟类和哺乳类等却产生了更高级的科、属，获得兴盛发展；被子植物因种子在子房内发育，并进行双受精作用，完全摆脱了水域环境的束缚，于是取代了裸子植物，成为植物界的霸主。

海林檎化石

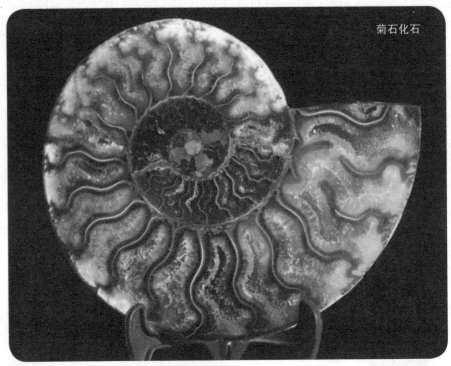

菊石化石

被子植物

（1）脊椎动物

哺乳动物至少在二亿年前的中生代初期已经出现，在中生代虽然不断的发展，甚至出现了原始的真兽类，但是始终处于不显眼的地位。一进入新生代，哺乳动物大发展，迅速地占领了地球上各个生态领域，成了陆上的霸主。

哺乳动物是由爬行动物中的下孔类进化来的，由于这类爬形动物的头骨和骨骼与哺乳动物相近似，所以也称为似哺乳动物爬形动物。下孔类的兽孔类更像哺乳动物，以至有人主张将其归入哺乳动物纲，哺乳动物可能起源于这类动物。

三列齿兽和似卞氏兽就是兽孔类爬形动物，但不是哺乳动物的直

汰是物种发展的规律。在新生代，除澳洲的有袋类得到发展外，其它大陆则是真兽类天下。

最常见的大哺乳动物有蹄类，各个地质时期的有蹄类组成都不相同，几经演变，才形成现代面貌。

三列齿兽化石

接祖先。

在恐龙繁荣的中生代，哺乳动物向不同方向演化，不断地改进自身的机能，以便获得在陆地上生活的最佳的适应能力。其中不乏失败者，中国类齿兽和董氏蜀兽就是例子。也有些种类延续的新生代，但很快衰微，如多瘤齿兽类（斜剪齿兽）。优胜劣

古新世的有蹄类，现已绝灭的踝节类、钝脚类（发阶齿兽、古菱齿

巨犀

普氏野马

兽）、南方有蹄类（如古柱齿兽）等组成。随着始新世的奇蹄类的兴起，这些动物很快衰落。始新世和渐新世可以说是奇蹄类世界，原厚脊齿、巨犀、大角雷兽是这一时期的代表，而大唇犀、安琪马、三趾马、和普氏野马则是新生代晚期的代表。兴始新世

奇蹄类出现的同时，偶蹄类也悄然崛起，如古鼷鹿、石炭兽，现在不论在数量上或是在种类上远远地超过奇蹄类。

世界多彩，动物多样。在陆地上最大的动物是象类，最小是啮齿类，包括人类在内的灵长类，还包括大熊猫在内的肉食类，以及现在所能见到的各种哺乳动物都有悠久的历史。

（2）无脊椎动物

新生代的无脊椎动物化石还是丰富多彩的，粗略统计，曾经记录描述的物种达数万种之多，近年仍在不断增加。总的说来，它的特征逐渐与现代生活的类群相近似。占优势的是软体动物瓣鳃类和腹足类，它们壳体保存完整，在某种情况下，几乎丝毫没有遭溶蚀与破坏。

牡蛎

软体动物的瓣鳃类和腹足类在新生代极度繁盛，与白垩纪晚期的科、属比较，有明显变化；但某些奇形怪状的类群，固着蛤类、本角蛤、多褶螺、镰唇螺等，仍有生存。而瓣鳃类的心蛤、蛛蚌（淡水）、海扇、牡蛎，腹足类的法螺、宝贝、蟹守螺、田螺（淡水）等；形态均与现今海滨所看到的没有大的差别。新生代早期的不少科、属，现今虽尚有存，但它们的种群则已全部灭绝；晚期的多数种群则延续到现代。新变化鳃类与腹足类在4～5亿年前的寒武纪、奥陶纪即已出现，它们形态变化到新生代达到兴盛的高峰，数量与属种都超越过去的任何一个地质时代。这一事实似乎可

田螺

以说明，软体动物的这两大类具有
高度适应生活环境的能力，这是他
们能够日趋兴盛而不衰退的主要原
因。当然，新生代的瓣鳃类与腹
足类在壳形与装饰两方面和它们
的祖先比较，显示出高度的演变，
这也是客观上容易看到的事实。

与瓣鳃类和腹足类相反，新生
代软体动物头足类的科、属，与白
垩纪的迥然不同。中生代极度繁
盛，称雄海域的菊石群、箭石群，
成为地史上的过客，全部消亡；残
留的仅有少数的鹦鹉螺，还有乌
贼、章鱼等不重要的代表。无脊椎
动物的头足类，曾经广泛分布，演

章鱼

化更新，达数亿年之久，在新生代
欲退居一个狭小的角落。

原生动物的有孔虫类，在新生
代仍然是数量特别多和形态变异大
的微体生物之一。在新生代全期，
亿万个薄弱细小的的有孔虫壳，在

乌贼

货币虫

海底堆积成为厚达数百公尺的岩屑。黏合质壳型兴钙质型的种群同样繁盛，而后者尤占优势。在赤道或近赤道海水内，还产有壳体巨大，构造复杂的有孔虫，最大可至6～7厘米，圆形、薄饼或盘状的货币虫，是最普通常见的。在地中海地区，货币虫灰岩是新生代早期

巨厚岩屑，闻名于世界的埃及金字塔，就是利用这种灰岩建造的。

腔肠动物的珊瑚类从积成礁，形成环状的珊瑚岛。形态特殊的属有：块状复体、多口出芽繁殖、隔壁外露的巢形珊瑚；单圆锥形、外壁具孔洞、茎状中轴由一级隔壁联合形成的陀螺珊瑚；硬体轮廓侧视呈扇形、骨骼作楔状旋穿插、隔壁多，无中轴或异常脆弱的扇面珊瑚。

中生代已经衰退减的腕足动物，新生代已残存无几，主要的是穿孔贝类，小嘴贝类退居次要地位。

海胆类科、属多数都延续到新

心形海胆

飞蛾

生代，产生了许多构造特殊，较为高级的属群。规则对称的正形海胆，骨骼多圆形，具粗刺，如圆裂海胆、割肋海胆；歪形海瞻类的骨骼多坦平或心脏形，具短刺及花瓣形裂孔，如心形海胆、盾海胆等。

节肢动物的介形类，是新生代特别重要而繁多的微体生物，用于对比海、陆相地层都有较大的意义。陆相的有玻璃介、土星介。海相的有真尾花介和翼花介。

新生代的昆虫更接近于现代的类群，甲虫、蜻蜓、蝴蝶、飞蛾、蚊、蝇等的属种更为繁多，当它们幸运地被埋藏在硅藻泥或树脂内，就保存为完美良好的化石标本。

（3）植物

新生代的植物景观基本上和现代的相似。中生代许多盛极一时的裸子植物不复存在；蕨类也显著衰退，并缩小其分布范围；而被子植物则继续发展茂盛。新生代早期的植物群尚与晚白垩世的相似，地理分区不甚明显。当时在高纬度地区生长着丰富的温带落叶植物群，如在格陵兰就发现有木兰、枫杨、

木 兰

枫杨

枫香、杨梅等被子植物和银杏、红杉、落叶松等裸子植物。其后就形成南北不同的两个植物分区，北方主要是温带落叶植物群落，南方则为热带至亚热带的常绿植物群落。到了新生代的中期，上述南北两个植物群落都有更向南迁移的趋势或混生现象，植物景观与早期的

银杏

有所不同，而与现代的基本上无大差异。新生代晚期，由于受到大冰期的影响，低纬度的植物群继续繁育，并没有发生剧烈的更换，而高纬度的植物群，或则消亡殆尽，或者迁移而幸存。曾经在北半球广泛分布的裸子植物，如银杏、水杉、水松等，现均残留无几，成为典型的孑遗植物。浮游的硅藻类得到更大的发展，它们的遗体堆积成为巨厚的硅藻泥或硅藻土。

杨梅

自然界的原始生命 古生物

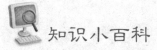

知识小百科

千禧中国鸟龙

产于义县组下部的第五种恐龙——千禧中国鸟龙的发现具有戏剧性。1998年夏季，中国科学院古脊椎动物与古人类研究所辽西野外工作队在收队前的最后一天，在"中华龙鸟"化石产地附近发掘出了这种恐龙的正型标本。千禧中国鸟龙在分类上属于兽脚亚目驰龙科。驰龙类恐龙在鸟类起源的研究上具有特殊的意义。

千禧中国鸟龙的发现为详细研究驰龙类的解剖结构提供了更为可靠的材料。初步研究证明，驰龙类在形态上已经非常接近早期鸟类，其头后骨骼形态上已经与大多数恐龙很不一样，反而具有许多早期鸟类的特征，它的肩带（连接前肢与脊椎骨的骨骼）结构与始祖鸟几乎没有什么差别。虽然千禧中国鸟龙并不能飞行，但是它在骨骼结构上已经产生了一系列能够适应于飞行的演化，骨骼系统已经完全具备了拍打前肢的要求，是一种典型的预进化模式。千禧中国鸟龙也发育有细丝状皮肤衍生物，因而进一步证明了这种构造在非鸟兽脚类恐龙中的广泛存在，为羽毛的起源和演化提供了重要的启示。

第四章
人类进化之谜

　　在地球上生存的最伟大的其实就是人类了。人类从诞生之日到现在，经历了漫长时间的进化与发展。其实，人类的诞生、人类最终能成为地球的主人等一系列的问题都是人类一直在探索和研究的，人类自身的很多东西自己都无法解释清楚。因此，人类其实是最奇妙而神秘的了。

　　人类是地球上一种相比较来说高智慧的生物，可以说是地球至今的统治者。《现代汉语词典》对人的解释是："能制造工具、并能熟练使用工具进行劳动的高等动物。"

　　当代人学家张荣寰给人以合理的解释：人是自然（多维度生物圈）的本我存在；人是超越万物的灵长；人能在生物圈获得两个层次的和谐幸福，即初级追求真、善、美所获得的和谐幸福；高级追求价值、意义、超越所获得的和谐幸福。人的本质即人的根本是人格，人是具有人格（由身体生命、心灵本我构成）的时空及其生物圈的真主人。人的赋新即人在世界上的使命就是为了人格及其生态文明的不断上升和赋新，以实现和谐幸福的目的。

　　本章主要主要从生命的起源、人类的诞生和演化、四大人种、人类的未来四个方面来阐述人。

生命起源学说

生命何时、何处、特别是怎样起源的问题，是现代自然科学尚未完全解决的重大问题，是人们关注和争论的焦点。历史上对这个问题也存在着多种臆测和假说，并有很多争议。随着人类认识的不断深入和各种不同的证据的发现，人们对生命起源的问题有了更深入的研究，下面介绍几种著名的假说。

圣 经

◆ 创造说

创造说认为生命是由超物质力量的神所创造，或者是一种超越物

质的先验所决定的。这是人类认识自然能力很低的情况下产生出来的一种原始的观念，后来又被社会化了的意识形态有意或无意地利用，致使崇尚精神绝对至上的人坚信特创论。

创造论否认一切的事物是自然形成的说法。它认为哪怕是正在呼吸的空气，也是需要被创造才得以产生。目前人类正在面临各种自然资源枯竭，生态平衡被破坏而带来的各种灾难的情况下，对大自然的驾驭更是感到无能为力。人类无能为力的时候，还能做什么呢？唯有依靠神。这不是愚昧，而是人的本能就是这样。在《圣经》上说，

"起初，神创造天地。"。

现在，创造论已经被证明是一种荒谬的解释。这种解释的根源是类比于人的制造能力，以及对概率论的错误应用。比如某宗教徒用手表自我形成的概率为零必然有造表者来证明人是被创造的。这种推理的根本错误在于他不懂得自然界普遍存在的自组织现象（如雪花、沙丘在一定条件下自动形成某种规则的形状，这显然不是被某高级主体有意制造的，而且也不能用概率论来推断）。生命体的最根本特征是自组织的，不是被制造的（这样就能清楚地看出来神创论的逻辑错误所在）。

现代科技使人类拥有了非凡的制造能力，但却对更多的生命问题

无能为力，原因也在于生命是自组织的而不是被制造的，制造能力再大也无能为力。

◆ **无生源论**

上古时期人们对自然的认识能力较低，但已能进行抽象的思维活动，根据现象作出了生命是自然而然地发生的结论，其代表思想有中国古代的"肉腐生蛆，鱼枯生蠹"和亚里士多德的"有些鱼由淤泥及砂砾发育而成"等。

无生源论又称自生论或自然发生说，认为生物可以随时由非生物发生，或由另一类截然不同的生物产生。例如，我国古代人所说的"腐草化萤""鱼枯生蠹"（见《荀子·劝学》）；埃及人认为，

太阳照在尼罗河的淤泥上就会产出黄鳝和青蛙；亚里士多德认为，生物除了由自己的亲代产生外，还可由非生物自然发生，"大多数鱼是由卵发育而成的，可是有些鱼（由于灌注了雨水）而从干涸的泥土和砂砾中产生出来"（见《动物志》）等等。

◆ 生源论

随着人们认识的深入，人们知道蛆是由蝇而来，巴斯德之后，人们认为生命由亲代细菌或孢子产

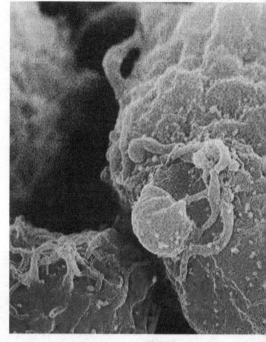

微生物

巴斯德

生，即生命不可能自然而然地产生。但是生源论没有回答最初的生命是怎样形成的。

生物只能通过生物的繁殖产生。法国的巴斯德指出，通过排除空气中看不见的微生物，能够使肉体物质和植物性物质不腐败。这一点后来成为大规模罐头食品制造工业的基础。

生命是如何在地球上出现的？科学家认为生命的起源是因为行星

具备适合生命体存在的条件。然而为什么显微镜下的微生物会无处不在呢？关于生命起源的其中一个假设就是有生源论，该理论认为"生命种子"遍布宇宙，地球生命的起源就是由于这些"生命种子"抵达地球，或者是通过陨星坠落的形式带到了地球。

有生源论同时也暗示这些种子可能抵达了宇宙中其他孕育生命体的星球，这支持了太阳系外生命存在的可能性。该理论表示数十亿年前太空生命就抵达了地球，然而这并不能证明这些太空"生命种子"也到达了其他可孕育生命体的星球。一些研究人员认为外星人将生命带到了地球，作家埃里奇·范·达尼肯就认可这种观点。尽管一些人猜测生命是如何存在于太空之中，并如何携带到其他星球上，但强有力的证据显示像孢子和某些类型的细菌的确实存在于太

空之中，或许部分生命体处于休眠状态。

◆ 宇宙胚种论

宇宙胚种论认为，地球上生命的种子来自宇宙，还有人推断是同地球碰撞的彗星之一带着一个生命的胚胎，穿过宇宙，将其留在了刚刚诞生的地球之上，从而地球上才有了生命。但是，一些持反对意见的科学家却认为，彗星是带来了某些物质，但那不是决定性的，产生生命所必需的物质在地球上本来就已经存在。

微生物

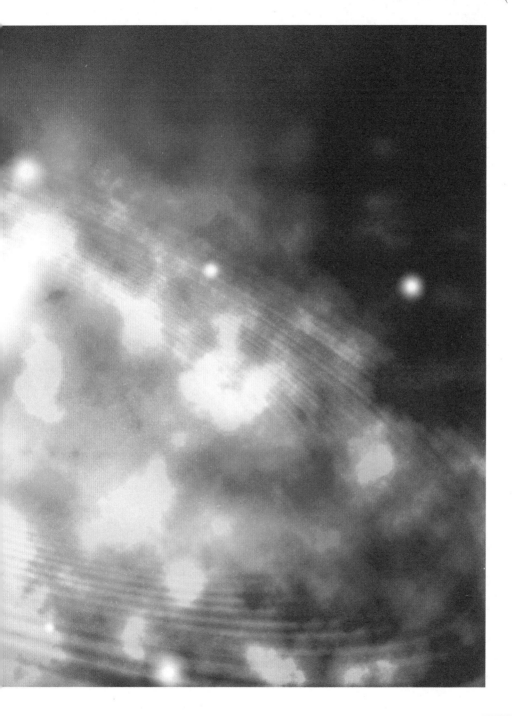

"宇宙胚种"论是由瑞典化学家、1903年诺贝尔化学奖获得者阿列纽斯于1907年首先提出的，他认为：在宇宙中存在着微生物，

阿列纽斯

这些微生物作为物种的孢子，在太阳光压力的推动下，被送到遥远的宇宙彼方，如果遇到像地球这样的行星，就把生命传播到那里。在月球发现远古陨石将令人非常兴奋，但是陨石中所包含的物质会让霍特库珀产生更浓厚的兴趣。科学家们认为地球早期存在着简单的细菌生命，这些细菌生命体可生存在岩石之中，当陨石碰撞地球表面造成较大的碰撞事件时，这些地球表面上的岩石将飞溅出去，很可能散落至月球表面。依据这一理论，许多生命样本可以着陆在像沙克尔顿这样的月球陨坑中，一旦生命样本进入到黑暗低温的陨坑底部时，它们便能深度冷藏数十亿年时间。

地球上许多细菌生命可以冷冻数千年时间，之后它们能够解冻复活。如果某种细菌能够发现于像沙克尔顿这样的月球陨坑底部，将这些细菌放置在热水中可能使其苏醒复活过来。霍特库珀强调称，所有

月球陨坑

可能性假设必须由可靠的证据进行证实，未来将实施载人登月计划，其中探测月球冰层是一项主要任务。但是这是一项任重而道远的研究项目，如果我们一直坚持下来，相信不久的将来我们将揭示月球更多的谜团。

更加引人注意的细菌是那些在很深的地下繁衍生息的类型。一种细菌生活在南非5英里深的金矿内部。麦克卡伊说："这些生物从我们从没想到的来源获得能量。南非极端微生物细菌是从岩石里不稳定的放射性原子获得能量。阳光和地表水对它不起任何作用。这种情况非常令人吃惊。"

极端微生物从非太阳能源获得能量的事实，说明外星生命也可能生活在类似环境下，在远离地表水和阳光的地下很深的地方繁衍生息。麦克卡伊说："可居行星并不一定非得像地球一样。这些发现最大限度地扩展了我们对适居带的理解。"

◆ 化学进化论

化学进化论主张从物质的运动变化规律来研究生命的起源。认为在原始地球的条件下，无机物可以转变为有机物，有机物可以发展为生物大分子和多分子体系，直到最后出现原始的生命体。1924年前苏联学者奥巴林首先提出了这种看法，1929年英国学者霍尔丹也发表过类似的观点。他们都认为地球上的生命是由非生命物质经过长期演化而来的；这一过程称为化学进化，以别于生物体出现以后的生物进化。

1936年出版的奥巴林的《地球上生命的起源》一书，是世界上第一部全面论述生命起源问题的专著。他认为原始地球上无游离氧的还原性大气在短波紫外线等能源作用下能生成简单的有机物（生物小分子），简单有机物可生成复杂有机物（生物大分子）并在原始海洋中形成多分子体系的团聚体，后者经过长期的演变和"自然选择"（即适于当时外界条件的团聚体小滴能保存下来，不适的就破灭了），终于出现了原始生命即原生体。支持化学进化论的实验证据越来越多，现已为绝大多数科学家所接受。

化学进化的基本过程孕育生命的原始地球初生地球的地壳薄弱，地球内的温度很高，火山活动频

繁，从火山喷出的许多气体构成了原始大气。一般认为原始大气包括CH_4、NH_3、H_2、HCN，H_2S、CO、CO_2和水蒸汽等，是无游离氧的还原性大气。其主要根据是：

①射电望远镜无线电波谱分析表明，现在离太阳较远、变化较小的行星如木星、土星等的大气，都是由H_2、He、CH_4、NH_3等组成的还原性大气；

②远古沉积岩所含的铁是氧化程度较低的磁铁矿，而以后生成的"红层"所含的铁则是氧化程度较

沉积岩

高的赤铁矿，这反映了原始大气从还原性向氧化性的过渡现在地球的氧化性大气是蓝藻和植物出现后，通过长期的光合作用逐步形成的。

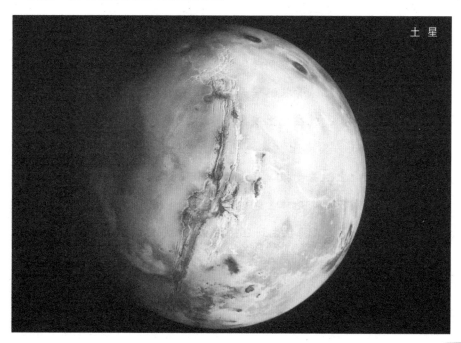

土 星

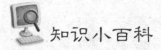
知识小百科

佛法对生命起源的解释

佛教不相信存在一个或多个宇宙、生命的创造神，生命也非创造新生而是本来就存在，称之为"不生不灭"。无始无终的宇宙存在，不容怀疑；生命的存在，也不容否定。

佛教认为：宇宙的元素是永恒的，生命的元素也是永恒的，前者是物质不灭，后者是变化与转换规则不灭。所谓永恒，就是没有开始也没有终结；本来如此、本该如此、本源如此、本身如此就是宇宙和生命的实际情况。佛教相信宇宙形态的变化，生命过程的流转，都依从与一个变化转换基本规则，那是众生的"业力"。

至于生命在地球上最初的出现，佛教相信是由变化而来的，下至单细胞的生物，上至人类，都是一样。地球形成之后最初的人类，是由色界第六天的光音天而来，他们是飞空而来的，那是由于他们的堕落，贪爱了地球上的一种肥腻膏状酥蜜天然食物，吃了之后，身体粗重不能飞行了（波粒转换），就在地上安居下来（摘自《世记经》《大楼炭经》《起世经》等）。实际上，那也是出于它们的业报所致，天福享尽之时，必须要来地上随业受报。正像其后出现的所有众生一样，既然先由共同的业力，成了一个地球，岂能不来接受地球生活的果报？一旦在地球世界的业报受完，又将往生到应往的他方世界中去。

人类的诞生和演化

在小时候，我们一定听说过许多有关人类诞生的传说，那些传说既美丽又让人好奇，当你听到那些神话传说，是否有过想当一名科学家的愿望呢？是否想过将来研究人的来源问题呢？那么，就让我们一起来研究一下人类祖先的问题吧！

人类的诞生一直是科学界争论不休的问题。据《新科学家》杂志报道，地球生命可能起源于淡水池塘，而不是学术界普遍认为的深海热源附近。据报道，圣克鲁斯加利福尼亚大学的研究人员认为，淡水比咸水更有可能孕育生命。他们说："尽管已知的最古老的生物化石是海洋生物的，但生命实际上起源于淡水池塘"。

科学家们认为生命起源的第一步是：能自我复制蛋白质——后来发现为DNA——被一种叫泡的薄膜围绕。阿佩尔与他的同事合作，已经能够使用早期地球的物质成分在淡水条件下制造出这种泡，而在

咸水的环境下却不能得到相同的结果。

报道说，研究结果对海洋起源学说提出了质疑，但与达尔文的理论有几分相似。以前，达尔文在他的个人书信中曾经猜想，生命起源于"富含氨和磷的有机盐、光、热、电等相关物质的小池塘中。"人类生命形成后，多数科学家都同意人类祖先源于非洲的观点，但对人类第一次走出非洲之后的发展过程却持有不同意见。美国科学家最近提出了一种人类进化的新观点，认为人类曾经三次走出非洲。

科学界一般认为，大约200万年前，现代人类的祖先直立人就出现在历史舞台上，开始从非洲向世界各地扩张。这就是人类第一次走出非洲。有一些人提出，直立人离开非洲后，现代人就在世界不同地区兴起。但也有人认为，约在5万年前又有一批人走出非洲，完全取代了欧亚大陆的早期居民。美国华盛顿大学的科学家坦普尔顿提出，也许上述两种意见都有一点道理，事实可能居于两者之间。后期的非洲移民对人类基因特征有很大影响，但他们是以通婚的形式实现的，而非武力手段完全取代原来的居民。

坦普尔顿在最新一期英国《自然》杂志上报告说，他研究了世界不同地区居民的DNA序列，将常染色体、性染色体和线粒体上的10个区域的信息相结合，比较多个基因的差别，研究其变异过程。他的结论是，直立人离开非洲之后，在40万至80万年前又有一次大规模非洲移民浪潮，第三次则发生在约10万年前。他还发现此后存在某种从亚洲回归非洲的趋向。一些科学家对坦普尔顿的意见表示支持，但也有人持怀疑态度，认为他的染色体分析方法存在缺陷。有的考古学家说缺少与之相符的考古证据。但是，另一重大发现，为人类走出非洲作了更好的注释，因为科学家发现一名希腊裔妇女和美国原住民有着同样的祖先，追溯出人类共同的祖先"夏娃"可能是非洲黑人！

世界的顶尖科学家，藉由尖端科技研究，证明现今人类的部分粒线体DNA都和15万年前一位非洲妇女相同，这名被称作"夏娃"的非洲妇女，并非当时唯一的女人，但是却拥有唯一存活的最成功的粒线体DNA。粒线体DNA提供了化学能，是决定身高与瞳孔颜色不可或缺的遗传基因，透过最先进的DNA研究，部分科学家更大胆地颠覆了原先对人类全球迁徙的看法，认为全球人口的形成，是因为非洲祖先南进亚洲的结果。

同时，人类还有很多关于人类诞生的学说，主要有以下这些。

◆ 关于人类起源经典的"创造神话"

（1）犹太教和基督教共同的神话：亚当和夏娃

犹太教《旧约》和基督教《圣经》包含了两个神话起源故事，这两个故事被现今的犹太教和基督教所认可信仰。在第一个神话故事中，上帝说，"让这儿出现光芒！"随后光就出现了，在6天的时间里，上帝创造了天空、陆地、行星、太阳和月亮、包括人类的所

亚当和夏娃在伊甸园

有动物。

第7天上帝进行休息，凝视着自己的成果感到十分欣慰。在第二个神话故事中，上帝在地面上创造了第一个人类——亚当，上帝为亚当创造了一个伊甸园让他无忧无虑地生活，但是禁止他吃下伊甸园树上结的果实，这些果实来自善良和邪恶意识之树。亚当的生活太寂寞孤单，于是上帝从亚当身体上抽出一根肋骨创造了第一个女人夏娃。一条会说话的大毒蛇诱惑说服夏娃吃了禁果，之后夏娃又说服亚当也吃下了禁果。当上帝发现此事后，驱除亚当和夏娃离开伊甸园，让他们成了凡人。

（2）中国古代神话：盘古开天和女娲造人

宇宙之卵漂浮在永恒空间之中，它包括两个反作用力：阴和阳。经过无数次轮回，盘古诞生了，宇宙之卵中较重的部分——阴下落形成了地面，较轻的部分——阳上升形成了天空。

盘古担心天和地再次融合在一起，就用手脚支撑着天和地，他每

盘古开天

天长高10英尺，1.8万年之后天空已有3万英里高，盘古的任务完成后也就死了，他的身体部分变成了宇宙的基本物质。女神女娲非常寂寞，她从黄河水中捞出泥巴来制作泥人，这样第一个人类出现了，随后她用树枝蘸上泥巴向地面上甩，无数个小泥点形成了多个人类。

◆ "寻根"

很多人都有"寻根"的渴望，就像一个从小和父母失散的孩子，总想知道自己的双亲是谁，长什么样子。

同样，对于人类共同的祖先，我们也一直充满着好奇，我们的祖先究竟在哪里生活呢？他们的相貌又如何？曾经有多少人为了揭开这些谜底而废寝忘食。不过，他们的孜孜以求是有道理的，因为他们这是在为整个人类寻找"双亲"。

虽然古代的人们曾编织出"上帝""女娲"这样具有神力的父母，使当时的人暂时得以安心，可

女娲

是又有哪个孩子不想看看自己的亲生父母呢？怎奈仁慈的上帝和美丽的女娲没有给人类这样的机会。于是，有人开始怀疑，发誓要找到自己真正的祖先。

（1）背叛神学

真正用科学的方法搜集证据，提出人类起源于古猿的，应该从英国学者达尔文算起。有趣的是，达尔文在19岁时被父亲送到剑桥大学，学的是神学。他父亲打算让他以后当个牧师，可是他却一心只想着研究动物和植物，所以当他22岁大学毕业的时候，没有去当牧师，而是登上了"贝格尔号"巡洋舰，参加环绕地球的科学航海调查。

贝格尔号

在历时5年的调查过程中，达尔文的思想发生了巨大的变化。面对他在生物界所看到的无数奇妙现象，他不再相信世界上的动植物是一成不变、自古就有的，更不愿再相信上帝创造万物的神话。1859年达尔文50岁的时候，他在大量研究的基础上，发表了他的惊巨著——《物种起源》，创立了进化论。

不过，在达尔文生活的年代，宗教势力在欧洲依然很大，他不敢触犯宗教的权威，所以在《物种起源》中只谈动物和植物，没有讨论人类起源的问题。但是出于对真理的渴望，他在书的末尾暗示性地写

达尔文

了一句，说他的进化理论"将有助于人类及其历史的阐明"。这实际上是在启发人们去思考这样一个问题：人的起源也和其它生物一样，遵循着一个共同的规律。

（2）化石探秘

关于人类的起源，神创论和进化论争执的焦点之一，就是古今人类有无差别。在形形色色关于"神造人"的传说中，最初的人和现在的人没什么两样。而进化论则认为，越古老的人就越像猿，而不像现在的人。面对这样的分歧，找到证据是解决问题的唯一办法。

不过，科学家不像神学家那样只会拼命地翻阅那些发了黄的圣经，他们要从事实中去寻找证据。化石是他们想到的一个重要证据，虽然死人不会说话，但是他们保存下来的骨骼却能让后人读出他们的秘密，看看不同时期的人类化石，就能知道他们究竟像不像今天的人类。

最初出土的人类化石，是1823年在英国海边一个叫做"帕维兰"的山洞里发现的一副骨架，它的附近还有一些骨器、装饰品和动物化石。由于当时宗教思想对人们影响很大，所以这个发现并没有引起重视，人们还以为那是罗马时期的人类遗骨。直到1912年，人们才认识到那是人类进化最后阶段的化石。

（2）认猿为祖

达尔文的小心并没有让他逃脱被攻击的命运，《物种起源》出版后，立刻引起了来自宗教界和学术界落后势力的强烈不满。当时的牛津大学主教——威尔伯福斯就扬言，要在牛津举行的英国科学促进会的大会上"粉碎达尔文"。

不达，达尔文并不是孤单的，很多人已经成为进化论的忠实捍卫者，他的好友赫胥黎就是其中之一。尽管那次会议达尔文没有参

威尔伯福斯

加，但赫胥黎已经下定决心要与大主教针锋相对。

这位大主教根本不懂生物学，但他倚仗宗教的权威，依然在大会上先发制人，振振有词。他说："按照达尔文的观点，一切生物起源于某种原始的菌类，那么我们人类就跟蘑菇有血缘关系了。"在长达半小时的蛮横攻击之后，他又把矛头指向赫胥黎说："我要请问坐在我旁边的赫胥黎教授，按照他的关于人是从猴子传下来的信念，请问：跟猴子发生关系的究竟是你的祖父一方，还是你的祖母一方？"

听众里面发出了哄笑声。

如果中伤和嘲笑就能压制科学的话，那么我们今天也就没有科学了。赫胥黎用大量的科学事实反驳了

主教的发言，然后以庄严的神情对

赫胥黎

主教作了有力的回答："我重复说一遍：一个人没有理由因为有猴子做他的祖先而感到羞耻。如果有一个祖先在我的回忆中会让我感到羞耻，那就是这样一种人：他不满足于自己的活动范围，却要用尽心机来过问他自己并不真正了解的问题，想要用花言巧语和宗教情绪来把真理掩盖起来。"赫胥黎强调，宁愿一只猿猴而不是一个主教来做他的祖先。

赫胥黎的这番发言着实犀利，以至于当场就有宗教势力的追随者气得晕倒。但也就是这种"认猿为祖"的勇气和实事求是的态度，赢得了很多进步学者、大学生和其他听众的热烈鼓掌。

此后，赫胥黎把人和灵长类动物的身体构造以及卵的发育进行了详细的比较，发现人和猿之间的差异比猿和猴之间的差异还要小。他把这些都写进了《人类在自然界的位置》一书中，并且第一个提出了"人猿同祖论"，认为人是猿的近亲，人是由古代的类人猿逐渐变化而来的，也可能人是和猿一起从同一个祖先那里分支而来的。

（4）尼安德特人

真正对人类起源问题产生较大影响的是最早发现的人类化石，是1856年在德国尼安德山谷中的一个山洞里出土的一些人骨。

当时有人认为这是古人类化石，但也有人反对。

在反对者的行列中，最著名的是病理学家维尔和。他认为，从小小的头骨来看，这可能是一个智力

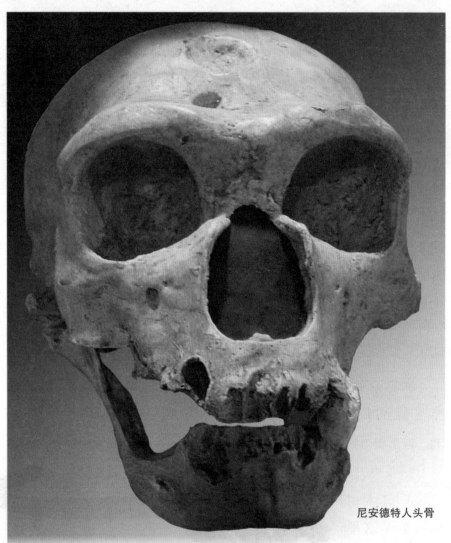

尼安德特人头骨

低下的白痴留下的，并不是什么古
人类。也有人觉得，这或许是一个
佝偻病患者的头骨。

　　几年后，一位爱尔兰人体解剖
学家对这副人骨进行了仔细的研

究，确信他属于一种与现代人不同
的早期人类，并取名为"尼安德
特人"。

　　由于当时的研究水平有限，再
加上在发现尼安德特人的山洞里没

能找到其它的动物化石和他使用过的工具，所以无法准确判定这些化石的年龄。直到1886年，在比利时一个叫做"斯彼"的地方又发现了两个人类头骨，形态与尼安德特人非常相似，被认为是同一时期的人类。而且在这两个头骨的周围还出土了大量的动物化石，由于很多动物很早就已经灭绝了，如披毛犀和古象等。这样，人们就可以根据灭绝动物的生活年代来推测这些人骨的历史了。尼安德特人在人类进化中的地位得到了进一步证实。

人们在前人的肩膀上总能站得更高。1908年在法国圣沙拜尔村附近的一个山洞里，又发现了与尼安德特人头骨相似的化石，不同的是，这次人们发现的是一副基本保存完整的男性人骨，他被认为是尼安德特人的典型代表，由此可以得到关于尼安德特人更多的信息。

根据后人的研究，尼安德特人的生存年代为距今20万年至3万7千年。通过与现代人的比较，发现他们的鼻骨异常向前突出，说明他们的鼻子一定很高，而且鼻孔比较向前。

（5）爪哇猿人

1891年前后，一个姓"杜布哇"的荷兰殖民军军医在今天印度尼西亚的爪哇岛上，发现了一些新的人类化石，从而在研究人类起源问题的领域中引起了一场激烈的争论。

猩猩

　　年轻的杜布哇原本是一位解剖学者，同时也是"人猿同祖论"的追随者。他认为猿只能在热带生活，而东南亚的猩猩与人类关系非常密切，因此，他相信在东南亚很可能找到人类的发源地。带着这个信念，他参加了荷兰的殖民军，成为一名军医，因为东南亚的大部分地区当时正好是荷兰的殖民地，便于他进行研究。

　　经过长期的搜索，1890年他在爪哇岛获得了一块人类下颌骨化石残片；次年，在距离下颌骨发现地30多千米外的垂尼尔附近，找到了一块人类的头盖骨和一颗牙齿；1892年，他又在距离这块头盖骨15米的地方找到了一根人的大腿骨。

　　杜布哇把找到的大腿骨和现代人的大腿骨进行了仔细的比较，发现这根大腿骨已经能够支撑身体的重量，因为它上面已经形成了可以附着强大肌肉的股骨粗线，使整个大腿骨的骨干成为三棱柱状。这说明他发现的这个远古人类已经能够直立行走了。

　　根据这些化石的特点，杜布哇

认为自己找到了从古猿到人之间的一个缺失环节，也就是"猿人"，所以他把这个远古人类取名为"直立猿人"，后人也称之为"爪哇猿人"。

在发现爪哇猿人的地方，还出土了一些动物化石。从这些动物化石的特点上，可以推断出爪哇猿人生活在大约50万年前。

但是从后来的研究中发现了一些疑点。根据头盖骨来估算，爪哇猿人的脑量只有900多毫升，远远小于现代人的脑量，而且在发现头盖骨的地方也没有找到人造的工具。当时的学术界普遍认为，只有会造工具才能算人，否则就只能称之为动物。就像尼安德特人，他们的化石周围就发现过石头做的工具，所以他们就肯定是人了。可是没有工具的爪哇猿人到底算不算人呢？

这个问题引起了广泛的争论，有人认为他们只是长臂猿，有人认为他们是猿和人的中间环节。杜布

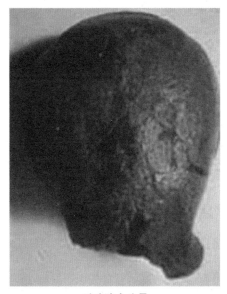

爪哇猿人头骨

哇在研究了其它的灵长类动物之后，最终宣布他所发现的这些化石属于一种大型的长臂猿。

但是随着后来生活在同一时期的北京猿人和人造工具的发现，爪

长臂猿

哇猿人终于得到了作为"人"的地位。

（6）北京猿人

20世纪20年代初，在研究人类起源问题上，很多科学家认为是由于喜马拉雅山的形成挡住了由南向北吹来的印度洋暖湿海风，使喜马拉雅山北面的气候变得干燥，森林变得稀疏，原本在那里生活的古猿不得不从树上跑到地面上来生活，并用双手谋生、用两条腿走路，从而发展成了人。于是，很多研究人类起源问题的学者都纷纷来到亚洲中部地区，寻找他们的答案。

当时有一位瑞典的地质、考古学家——安特生，正在中国开展工作。1918年，他偶然从别人那里了解到，距离北京50千米左右的周口店村附近有很多动物化石，他便赶往那里进行考察。

周口店村附近的龙骨山，有一个废弃的采石场，安特生在那里的确发现了一些早已灭绝的动物化石，如肿骨鹿等。除此之外他还注意到，在龙骨山的石灰岩溶洞里，有一些白色的破碎石英片。这个小小的细节没能逃过一个科学家的雪亮眼睛，他很快产生了疑问：在石灰岩地区怎么会有石英？那必定是从别的地方运来的。他观察了周围

的地形，自然的风和水流都做不到，即使是鸟兽也不可能。一个大胆的想法在安特生头脑中产生了："我有一种预感，原始人就在这里。现在我必须去做的，就是要去找到他。"因为如果把这些锋利的石英碎片和已经发现的动物化石联系起来的话，它们就很可能成为切割动物皮肉的利器。

在随后的考察中，安特生发现这个地方的地层是大约50万年前形成的。他在1923年和1926年又分别发现了两颗像人的牙齿，第一颗的主人太老了，牙面已经被磨平，无法辨认出究竟是人还是猿的牙齿。但是第二颗牙齿的主人尚显年轻，通过鉴定，它属于人类无疑。

于是，他宣布在北京周口店发现了50万年前的古人类。这个发现令全世界都为之震惊，因为这无疑是对"喜马拉雅山的形成迫使人类形成"的理论给予了化石证据的支持。周口店也成为研究人类起源问题的科学家们所关注的焦点。在周口店发现的古人类被命名为"北京中国猿人"，后来改为"北京直立人"，而"北京猿人"和"北京人"是其俗称。

可是，北京猿人的发掘工作却异常艰难，因为周口店附近的范围非常大。从1921年到1929年，科学家们只找到了3颗古人类的牙齿，似乎很让人泄气，但这并没有动摇科学家们继续挖掘的决心。

功夫不负有心人，1929年11月底的一天，负责挖掘工作的科学家发现了一个小洞口，他们用绳子系住腰部，缓缓下降到10多米的洞底，看见了很多新的化石。第二天就在这个小洞里发现了一个有一半还埋在硬土里，这就是北京猿人的第一个完整头盖骨。

在此后的几年里，周口店又出土了一些人类的头盖骨和破碎的石片、石块，这些石片和石块与一般

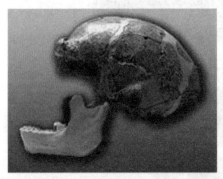

头盖骨

的自然破碎的石块有所不同，经过当时研究旧石器的权威专家鉴定，它们是古人类打制出来的石器。而从猿人洞里挖出的黑色物质，也被证明是人类用火后留下的痕迹。

所有这些证据都证明，尽管北

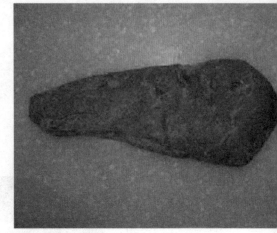

石 器

京猿人只拥有平均1088毫升的脑量，与现代人的脑量（平均1400毫升）有一定差距，但他们已经脱离了猿的队伍，堂堂正正加入了人类大家庭。

由于爪哇猿人的头骨与北京猿人的头骨存在很多相似之处，因此许多学者也把他们看成是人类的一分子。

（7）"东非人"

在北京猿人和爪哇猿人被发现后的30年时间里，他们一直被视为人类的最早祖先。直到1959年，古人类学家玛利·利基在非洲东部坦桑尼亚的奥都威峡谷发现了大批石

器，把人类历史一下子从50万年前推到175万年前。

而且在发现石器的地方，还找到了一个相当完整的、类似于大猩猩的头骨化石。她当时认为这些石器就是在这块头骨的主人生前制造的，于是给他起名为"东非人包氏种"。后来其他的古人类学家对这块头骨做了进一步研究，认为它应该属于"南方古猿"的一种，因此就改名为"南方古猿包氏种"。1960年，玛利·利基的儿子又在他母亲发现"东非人"头盖骨的不远处，找到了一个小孩的头骨，随后又在同一地区发现了更多的人类化石。这些化石后来被命名为"能

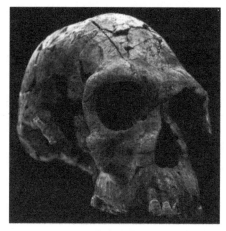

能人头骨

人"，意思是"手巧的人"，其生活年代估计为距今190万年前。有些古人类学家做了进一步的考察，认为原来发现的"东非人"石器，实际上可能是这些"能人"制造的，而"东非人"或许是"能人"的猎物。

（8）南方古猿

在20世纪60年代以前，人们用来区分人和猿的标志是能否制造工具。但是1960年一位英国高中毕业生的研究改变了这一看法，她的名字叫珍妮·古道尔。通过对坦桑尼亚河边密林中黑猩猩的观察，她发现有时候黑猩猩会摘掉草枝上的分叉，用剩下的主干插到蚂蚁窝里，等蚂蚁们爬上草枝时再抽出来吃掉蚂蚁。这个现象表明，黑猩猩不仅

黑猩猩

能够利用现成的天然物品，而且还能对其进行改造，这就意味着它们也能够制造工具。可是如果这样就把黑猩猩归入人类当中显然是不合适的。因此，后来人们逐渐废除了用能否制造工具来划分人和古猿，而改用新的标志：能否直立行走。

这样一来，人类的历史就又要再往前推了，原来已经发现的能够直立行走，但还不会制造工具的南方古猿也成为人类大家庭中的新成员。

1924年，有人在南非的塔翁

珍妮·古道尔

地区发现了一块小小的头骨，估计脑量只有500毫升左右。他被命名为南方古猿非洲种，生存时间为距今300万年前至230万年前之间。他的牙齿还没长齐，说明他还没有成年。当时按照现代人出牙顺序的规律与之比对，人们认为他是属于一个6岁小孩的。但是半个世纪以后，其他研究者认为，南方古猿的出牙顺序遵循猿而不是现代人的规律，根据这一点来判断，这个小孩就只有3岁了。

后来在南非陆续出土了更多的南方古猿化石，它们有一些共同的特点，例如：枕骨大孔不在颅骨后方，而接近脑颅中央；大腿骨后侧有股骨粗线；骨盆比较宽而且矮等等。这些特点说明南方古猿已经能够直立行走了。不过在发现南方古猿的附近，始终没有找到证据来证明他们会制造工具。尽管如此，按照20世纪60年代以后的标准，他们已经算是真正的人类了。

1974年，美国科学家约翰逊和法国科学家泰伊白率领着一支考察队，在埃塞俄比亚的阿法地区发现了新的南方古猿化石。这具被称为"露西"的骨架保存相对比较完整，它属于一个成年女性，生前身高92厘米，能够经常直立行走，研究人员把她命名为南方古猿阿法种。第二年，在这个地区又发现了至少13个男女老幼的碎骨和牙齿化

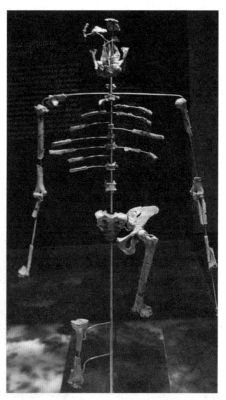

"露西"骨架

石。科学家们认为，他们可能属于一个家庭，因为生活的年代相当久远，距今已有330万～280万年，而且又是当时已经发现最早的人类化石，所以就把他们称作"第一家庭"。

1994年，埃塞俄比亚又发现了大约440万年前的人类化石，当时取名为南方古猿始祖种。第二年，研究者认为这些化石与南方古猿的差别比较大，因此就把他们归为另一个古人类的类群，改名为"地猿始祖种"。

2000年，一位法国学者在肯尼亚发现了一批600万年前的人类化石，因为当时适逢千禧之年，所以就把他们叫做"千禧人"。后来又把他们正式命名为"原初人土根种"，因为他们是在当地的土根山上被发现的。这样，人类的历史就向前推进到了600万年前，或许还有更早的人类等待着人类发现。

（9）立地成人

根据比较解剖学、胚胎学以及分子生物学的研究，现代人与黑猩猩、大猩猩、猩猩等猿类动物的亲缘关系，远远胜过包括猴子在内的其它任何动物，所以人起源于古猿的观点就被人们普遍接受了。

这样看来，人的出生地不可能

大猩猩

在美洲和澳洲，因为现在美洲只有猴子，没有猿类，也没有发现过古猿的化石，澳洲则连"土生土长"的猴子都没有。而亚洲、非洲和欧洲都已经发现了很多古猿的化石，并且都散布在低纬度地区。

现在一般认为，古猿最初都是在树上生活，后来他们的家园逐渐变得干旱，森林日益稀疏，无法再保证他们的食物来源。古猿不得不用更多的时间，在森林以外的地面寻找食物。由于裸露的地表没有像树上那么安全，而且古猿既没有尖牙利爪，也没有飞速奔跑的本领，所以他们只能尽可能发挥上肢的作用，用手握住石块或树枝之类的武器来保护自己。因为这个时候，他们的上肢已经有机会从攀援树枝的负担中解放出来了。而在没有危险的时候，他们的手还可以拿起天然的工具去采集或狩猎。不过，他们的双腿要为此承受更多的重量，才

古 猿

能保证行动的灵活和双手的真正解放。

在长期直立行走的过程中，他们的身体结构发生了变化，脊柱形成了人类所特有的弯曲，头骨移到了脊柱的上方。不知不觉中，古猿已经发展成了人。

随着天然工具的频繁使用，他们的手变得越来越灵活，脑也越来越发达。当人类祖先发现身边的天然工具已经不能满足自己的需要时，他们就可能从偶然看到的"大石落地成碎片"的景象，联想到自己可以模仿这样的过程来取得所需的工具。于是，人类可以自己制造工具了。尽管我们没有多少证据来证明人类最初制造的工具是什么，

但他们制造的石器有一部分被保留了下来。迄今为止我们所知道的最早的石器发现于埃塞俄比亚的恭纳地区，距今已经有250万年了。

人类刚刚开始在地面上寻找乐土的时候，单凭个人的力量恐怕更难抵御难以预料的危险，所以人与人之间的协议就显得尤为重要。也正是在这种相互帮助、共同生存的过程中，人类社会发展起来了，相互之间的交流更加频繁，需要有像语言这样的工具来方便交流，而在制造工具等活动中发达起来的人脑，正好能够促成语言的形成。人类就在劳动、语言和脑相互促进的过程中开始了新的进化。

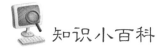知识小百科

生物进化与人类社会

人类的诞生是在其他物种的基础上诞生的，是生物进化技术积累的再创新。人类的诞生也是遵守着生物进化的一般法则。而人类社会的发展却具有其与生俱来的天赋。

人类是一种特殊的生命现象，具有良好的适应能力与智慧。人类的智慧是其他物种无可匹敌的，利用其高度的智慧，人类不断地认识自然界、改造自然界，从而创造了一个优良的生存环境，确保了人类生命的延续。人类在此基础上种群规模逐步扩大，人类社会逐步诞生。

恩格斯曾经这样说过：我们不要过分陶醉于我们人类对自然界的胜利。对于每一次这样的胜利，自然界都对我们进行报复。每一次胜利，在第一线都确实取得了我们预期的结果，但是在第二线和第三线却有了完全不同的、出乎意料的影响，它常常把第一个结果重新消除。美索不达米亚、希腊小亚细亚以及别的地方的居民，为了得到耕地，毁灭了森林，他们想不到这些地方今天竟因此成为荒芜不毛之地，因为他们在这些地方剥夺了森林，也就剥夺了水分积聚中心和贮存器。他其实也在告诉人类：人类也是生命物种，它也有威胁，也会面临自然界的挑战，它也可能会因为哪天不适应自然界而断然退出地球生命舞台。

生命进化是一个时间积累与突发改变的阶段性演进过程。而社会发展也理应是一个劳动积累与科学技术创新与进步的一个徐徐进行的时间过程。

揭秘四大人种

在电视上或者旅游区，人们经常看到过一些外国人，他们在毛发、皮肤、眼睛等很多特征上，与我们有着明显的差别，在很多情况下，我们一眼就能把他们从人群中认出来，这就是所谓的人种。

人种是世界人类种族的简称，是指人类在一定的区域内，历史上所形成的、在体质上具有某些共同遗传性状（包括肤色、眼色、发色和发型、身高、面型、头型、鼻型、血型、遗传性疾病等）的人群。人种的概念，最初于1684年由

法国博物学家伯尼埃首先提出的。

◆ 四大人种的划分依据

人种（race）是根据体质上可遗传的性状而划分的人群。通常根据肤色、发形等体质特征把全世界的人划分为4个人种：蒙古利亚人（Mongoloid）或称黄种人，他们肤色黄、头发直、脸扁平、鼻扁、鼻孔宽大；高加索人（Caucasoid）或称白种人，他们皮肤白、鼻子高而狭，眼睛颜色和头发类型多种多样；尼格罗人（Negroid）或称

尼格罗人

白种人

黑种人，他们皮肤黑、嘴唇厚、鼻子宽、头发卷曲；澳大利亚人（Australoid）或称棕种人，他们皮肤棕色或巧克力色，头发棕黑色而卷曲，鼻宽，胡须及体毛发达。

人种或种族是根据某些体质特征所作的生物学的划分，而不是文化上的分类，应该严格地将它同"民族"这样的概念区别开来。人种作为生物学概念，我们必须看到以下几点：首先，任何一个人种都没有某个或某些专有的基因，人种

之间的差别仅仅是某种或某些基因
的频率不同。例如，决定血型的IA
等位基因在欧洲白种人中频率比
较高，IB等位基因在亚洲黄种人中
频率比较高，Ii等位基因在南美印
第安人中比较高。但它们都有 Ii、
IA、IB三种等位基因。其次，由于
各种中间类型的存在，各种族之间
并没有不可逾越的界限。例如，埃
塞俄比亚人和南印度人的特征介于
白种人和黑种人之间，南西伯利亚
人和乌拉尔人的特征介于白种人

埃塞俄比亚人

印第安人

和黄种人之间，而千岛人则具有白种、黄种、黑种三个主要人种的特征。我们还应看到，虽然在一定条件下，不同人群之间存在地理隔离和文化隔离，但是这些并没有导致生殖隔离。种族在遗传上是"开放"的，不同种族之间可以通婚，都能产生生命力强的后裔。人类是迁徙能力很强的物种，各种各样的隔离都会由于迁徙而引起的相互作用所打破。由此可知，任何企图进行"纯"种族分类的想法都是错误的。

人们通常按肤色、鼻形等体质特征来划分人种，这些特征主要是由于对气候的适应而产生的。造成肤色差异的主要因素即是血管的分布和一定皮肤区域中黑色素的数量。黑色素多的皮肤显黑色，中等的显黄色，很少的显浅色。黑色素有吸收太阳光中的紫外线的能力。生活在横跨赤道的非洲黑种人和西太平洋赤道附近的棕种人具有深色的皮肤，可使皮肤不至因过多的紫外线照射而受损害。紫外线可以刺激维生素D的产生，因而，深色的皮肤可以防止产生过多的维生素

紫外线

D，而导致维生素D中毒。相反，白种人原先生活在北欧，那里阳光不像赤道附近那么强烈，阳光中的紫外线不会危害身体，而且能刺激必要的维生素D的形成，因而北欧白人皮肤里的色素极少。

鼻形也是如此，生活在热带森林的人，鼻孔一般是宽阔的。这里的气候温暖湿润，鼻子的温暖湿润空气的功能不很重要。而生活在高纬度的白人有较长而突的鼻子，可以帮助暖化和湿润进入肺部的空气。黄种人的眼褶可能与亚洲中部风沙地带的气候有关；扁平的脸型和半满的脂肪层能够保护脸部不受冻伤。

这些种族特征大约是在化石智人阶段形成的。由于人类物质文化的进步，大多数种族特征早已失去适应上的意义。今天，一个黑人可以很好地生活在高纬度的北欧，他完全不需要靠阳光中的紫外光去产

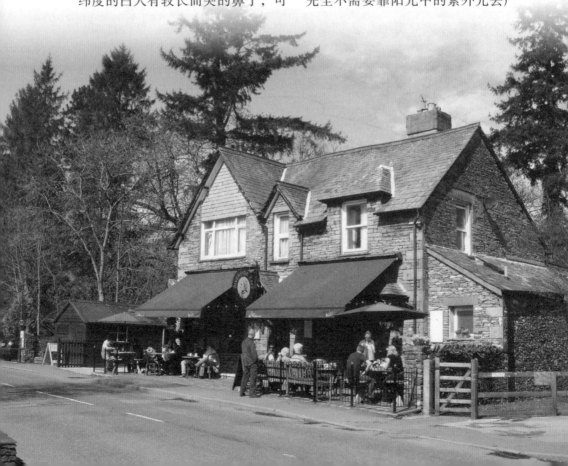

生维生素D，而可以从食物中获得必要的维生素D。白种人也可以借助衣服、帽子以及房屋等设施很好地生活在赤道附近。

◆ 四大人种

同一人种是有着共同体质特征的一群人，与其他人种之间具有显著差异，而且这种差异能够代代相传，在相当长的时间里不会随着环境的变化而发生明显的改变，而且一般也不受性别和年龄的影响。

现在世界上的人们大致可以分成四大人种：黄种人（或称蒙古人种、亚美人种）、白种人（或称欧罗巴人种、欧亚人种、高加索人种）、黑种人（或称尼格罗人种）、棕种人（或称澳大利亚人

澳大利亚人

蒙古人

种）。黄种人主要居住在亚洲东部、北部、东南亚岛屿和美洲。白种人主要分布在欧洲、亚洲西南部、南亚和非洲北部，以及今天的美洲和澳大利亚。黑种人集中在北回归线以南的非洲中南部。棕种人则主要居住在澳大利亚及其附近岛屿。

尽管不同人种有着明显的差别，但他们之间仍然可以繁育后代，所以应该属于同一个物种。随着不同地区人们的频繁接触和通婚，也逐渐形成了一些过渡性的小人种，他们的体貌特征往往介于两个人种之间，也就是"混血儿"的一种情况。例如，生活在欧亚交界地区的乌拉尔人种就是黄种人和白种人混血产生的。而南太平洋岛屿

（1）黄色人种

黄色人种，俗称黄种人，又称为蒙古人种，或者亚美人种。他们的主要体质特征是肤色黄；头发粗而直，色黑；眼色黑或深褐；面部宽阔，颧骨平扁而突出；鼻梁低；眼有内眦褶，外角稍上斜，成所谓"丹凤

波里尼西亚人

上的波里尼西亚人种则是黄种人和棕种人混血的后代。

蒙古人种

为高加索人种，或者欧亚人种。他
们的主要体质特征是肤色、发色和
眼色都较浅，头发常呈波形；鼻梁
高而窄；胡须及体毛发达。白种人

因纽特人

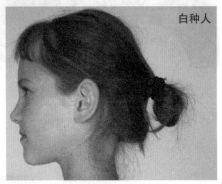

白种人

眼"；胡须及体毛最为稀少。黄种
人主要分布在亚洲东部，美洲印第
安人和北冰洋沿岸的因纽特人也属
于黄色人种。

　　（2）白色人种

　　白色人种，俗称白种人，又称

主要分布于 欧洲、西亚、北亚、北
非等地。

　　在中世纪时期，白种人主要分
布在欧洲，西亚，北印度，北非。
16世纪以后随欧洲殖民扩张扩散到

美　洲

美洲、大洋洲和其它地区。目前主要的发达国家为西欧和美国。

白色人种肤色较白或是浅褐色，颧骨较高，鼻梁高而窄，胡子和体毛发达。（眼睛及头发颜色不属于白色人种特征，事实上除了雅利安人拥有浅色的眼睛及头发颜色外，其他闪人及高加索人皆黑色头发及深褐色的眼睛，而浅色的眼睛及头发颜色属于隐性基因，南欧及伊朗人多为混血，所以今天这两地

之白人多属黑色头发及深褐色的眼睛。）白人的种族主要有雅利安人、闪人等。高加索山也有不被列入上述的种族，称为高加索人。

北欧的白种人，皮肤和毛发的颜色都比较浅，向南逐渐加深。北非、中东以及印度的白种人肤色更深，有的甚至和黑人差不多。头发呈波浪型，比较柔软。男性的胡须一般比较浓密。面颊狭长，颧骨平塌。鼻子狭而高，嘴不向前突出，

伊朗人

嘴唇较薄，口的宽度也比较小。上门牙呈铲形的人非常少。生活在高纬度地区的白种人，眼睛的颜色比较浅，往往带有蓝色、褐色或灰色。

（3）黑色人种

黑色人种，俗称黑种人，又称为尼格罗人种，非洲人种。他们的主要体质特征是肤色黝黑；头发黑而卷曲；眼色黑；鼻宽而扁，唇特厚而外翻；胡须及体毛较少。主要分布于非洲的大部分地区。

黑种人的皮肤颜色黝黑，头发呈波浪型或卷曲，鼻子特别宽，鼻梁较塌，鼻孔特别宽大，嘴宽而向

前突出，嘴唇较厚，并且外翻，眼睛呈黑色，胡子较少。

（4）棕色人种

棕色人种，俗称棕种人，又称为澳大利亚人种。他们的主要体质特征是肤色棕色或巧克力色；头发棕黑而卷曲，鼻极宽而高度中等；口鼻部前突；胡须及体毛发达。棕种人主要分布于大洋洲、新西兰及南太平洋岛屿。

棕种人的皮肤为棕色或巧克力色，头发棕黑色而卷曲或呈波浪型。鼻子较宽，嘴巴向前突出，嘴唇较厚，这些特点与黑种人比较相似。

黑色人种

非洲黑人

但是棕种人的眉骨比其他人种都要粗壮得多，从起源上看，他们很可能是爪哇猿人的后代，在进化上很早就与非洲黑人相分离。他们之所以与非洲黑人有很多相似之处，可能是由于所处的环境比较类似。

◆ 影响人种形成的因素

关于人种形成的原因，一般认为是人类在长期进化过程中适应环境的结果。

当今世界人种的各项体貌性状，是在人类各种族形成和发展的

漫长历史过程中，受到诸多自然和社会因素的共同作用而产生的，能够影响到人种特征形成的因素很多，其作用机理也很复杂，有些现象至今我们仍不能给予十分合理的解释。总括起来，影响人种形成的主要因素大致包括地理环境、隔离、混杂和社会文化因素等几个方面。

一般说来，世界各人种肤色的变异在地理分布是很有规律的，即纬度越高，肤色越浅，这是自然环境适应的明显例证。人们肤色的深浅是由皮肤中所黑色素（黑蛋白）

的多少来决定的，黑色素越多，皮肤的颜色就越深。黑色素具有吸收日光中紫外线的能力。众所周知，紫外线的照射尽管对人类的生活活动具有相当重要的意义，但过量的照射却会造成人体组织、细胞的损伤。因此，生活在目光强烈、日照时间长的低纬度地区的居民皮肤中含有较多的黑色素，就可以保护皮扶深部的其它重要组织、器官免受过量紫外线的损害。了解了这一道理，我们就不难理解赤道人种之所以具有黝黑肤色的原因了。相反，生活在阳光稀少的北欧等地的居民，他们的肌色却很浅。因为，每天照射到北欧人身上的策弱的紫外线不仅不会危害他们的健康，而且为身体所必需，所以，北欧居民皮肤中的黑色素极少。

人类学的研究还证明，非洲黑人皮肤内的汗腺数量也比欧洲白人多。汗腺能够分泌汗液，在人体新陈代谢过程中担负着调节体温的重要功能。因此，要极其炎热的气候条件下，黑人的体温调节功能要比白种人完善，这就使得他们能够较快地恢复正常体温，以保证机体新陈代谢的顺利进行。

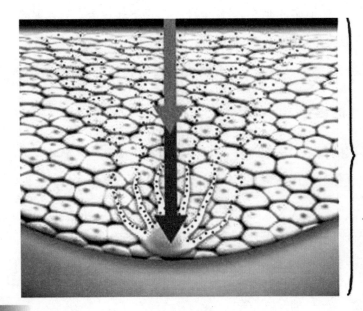

黑色素细胞

表皮层

表皮基底层

赤道人种卷曲的头发也是地理环境适应的结果。它们能够在头顶形成一个多孔隙的覆盖物，犹如我们通常用棉花来隔热一样，卷曲的头发是抵抗强烈阳光的一种良好的不导热的绝缘体，在赤道阳光的直射下，导热性能差的卷发不会把外表的热量大量传往头部的皮肤和血管，因而起到了一定的隔热作用。

赤道人种的口裂通常很宽阔，口唇也很厚，这对于生活在炎热气候的环境下也是很有益处的。宽阔的口裂与很厚并且外翻的唇粘膜能够增大通气量，同时扩大了水份的蒸发面积，从而有助于冷却吸入的空气。同样道理生活在高纬度地区的白种人高耸的鼻了能够使鼻腔粘膜的表面积明显增大，鼻腔粘膜中含有丰富的作用变得温暖一些，欧洲人和西伯利亚的蒙古人种居民所

欧洲人

头部血管

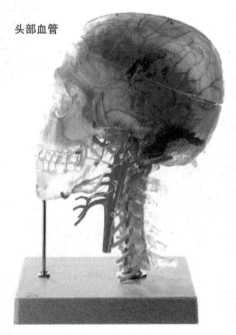

具有的直颌特征也可能是有益的，因为这样可以使得吸入的空气更陡的弯曲，从而阻滞冷空气进入肺部的速度。

隔离也是人种形成的一个重要的因素。由于高山、深谷、河流、

海洋、沙漠、冰川等天然障碍的阻隔，使得不同区域内的人类群体之间断绝了往来，彼此长时期生活在不同的自然环境条件下，因而发生了种族上的分化，例如亚洲蒙古人种和美洲印第安人，尽管在种系归属上同属蒙古人种，但二者之间的某些体制质特征上仍在着明显的区别。

这种情况很可能就是因为当印第安人的祖先由亚洲进入美洲后，随着冰期的结束，白令陆桥的消失，彼此双

印第安人

方长期生活在相互隔离的状态下而产生的。

　　人类的混杂现象，在遥远的古代便早已发生，而且其规模越来越大，目前已几乎扩展到全世界的每个角落。这是由于全人类都统一于同一个物种，各人种之间不存在自然的生殖障碍，所以，人种间的基因交流势在必然。许多人种在历史上曾多次往复迁徙，在此过程中往往伴随着与其他人种的混杂乃至融合。产生的新的种族类型又可能长期处于隔离状态，受到新的环境因素的影响而又产生新的类型，这是一个极其复杂的过程。总之，种族的混杂也是影响人种的形成和发展的一个重要因素，世界上属于中间类型的各种族的存在便是人处混杂的结果和例证。

　　在探讨人种特征的形成问题时，我们还必须注意到人类的物殊性。人类形成了社会，具有生产劳动和创造文化的能力，这些因素对人类体质特征的形成起着主导性的

作用。按照现代遗传学的理论，物种的形成主要受突变，基因重组合，迁徙和选择等因素的影响。

在动物界，配偶的选择完全取决于"优胜劣汰"的自然法则。而在人类，特别是当类人进入阶级社会之后，人们在选择配偶时却不得不受社会制度、等级观念、经济地位、宗教信仰等多种文化因素的制约。基因重组与人群的大小和婚配制度有着密切的关系，但人群的大小和婚配制度又主要决定于社会文化的因素，而不是自然因素。迁徙明显与衣着、交通、经济和群体间的斗争等社会文化因素相关，这些因素强有力地制约和规定着人类迁徙的规模和方向。因此，在人种形成和发展的过程中，人类所特有的社会文化因素起着决定性作用。

当然，自然条件毫无疑问在人种分化的初期阶段起着重要的选择作用。但人类与动物不同，人类不是直接地与自然环境发生作用，而且通过生产手段与自然环境相联系的。生产力发展迅速地改变着人类的生存条件，人类使自然环境日益适合于自己的需要，而不是改造的器官去被动的适应环境。因而人类的种族特征越来越失去其适应上的意义。可以预见，随着人类物质文化的进步，各人种间的混杂情况必然会日益频繁，各人种间的界限正在趋于消失。

探秘人类智力的进化

人类之所以能在今天的生物界奠定霸主地位，除了其它条件之外，脑的智力发展功不可没。可以说，没有智力的发展，就没有今天的人类。我们对于大脑智力的使用，已经频繁到不经意的地步了。小到日常生活中的细节处理，大到高深莫测的科学研究，除了睡觉，我们无时无刻不在利用我们的大脑来解决可能遇到的各种问题。即使是在梦里，大脑也还在为我们

勾画一幅幅奇幻的梦景画面。

其实，人类祖先的智力也就是在不知不觉中逐渐发展起来的。

举个例子来说吧，生活在现代社会中的人们，一般不会在高楼大厦之间跳来跳去，除非是出于某种特殊需要，或者是自己想不开了，因为如果从高楼上掉落下来，那就是非死即伤。但是我们的祖先最初生活在树上，这种树丛之间的跳跃是司空见惯的事情，所以他们就要格外小

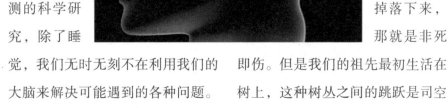

心，以免"一失足千古恨"。正因为如此，每一个攀跃动作都构成了他们进化的机会。强大的自然选择力每时每刻都在起作用，促使机体向着这样的方向进化，那就是：完善、敏捷、精确的双目视力；多方面的操作技能；眼和手的密切配合以及自觉地掌握万有引力等。每获得这样一种技能都需要脑，特别是大脑皮质有较大的飞跃性发展。就是在这样平常的跳跃和类似的活动中，竟然隐藏着人类智力发展的契机。人的智慧理应

南方古猿

归功于那些在树上高居千百万年的祖先们。今天从其他灵长类动物的身上，还能一睹当年人类的祖先飞纵山林之间所使用的高超绝技。

在大约距今五百万年前，南方古猿非洲种开始用双足行走，其脑容量大约是500毫升，比现代黑猩猩的脑大约只多出100毫升。根据这一特点，古生物学家们推断，在大容量的脑产生之前，人类的祖先就已经开始用双足直立行走了。

在300万年前，地球上有了各种各样用双足直立行走的动物，他

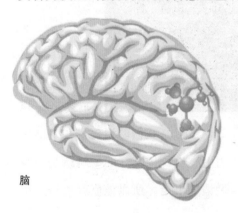

脑

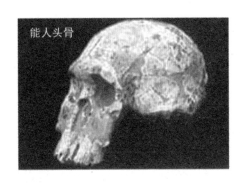

能人头骨

们的脑量与非洲南方古猿相比要大得多。像190万年前的能人，其脑量就已经接近700毫升，并且已经能够制造简单的工具。达尔文首先提出，制造并使用工具是解放双手促进双足直立行走的原因，也是其

必然结果。但是，制造工具、直立行走与脑量的增加是相伴而生的，脑量增加究竟是前两者的原因，还是它们共同作用的结果，不能简单地下结论，或许它们之间是相互促进、互为原因的。

南方古猿粗壮型给人的印象是高个头、肌肉强健，显得有些笨头笨脑。他们的进化更加高级一些，脑量变化也比较大。值得一提的是，南方古猿纤巧型的活动场所几乎都与有组织、有条理的劳动有

南方古猿

关，并且还使用天然工具。而粗壮型则似乎与工具没什么联系。研究发现，南方古猿纤巧型的脑重/体重之比，差不多是粗壮型的2倍。这很容易使人联想到，脑重/体重之比很可能与工具的使用有关。

南方古猿粗壮型比纤巧型出现得要晚一些，但也就是在粗壮型南方古猿存在的同一时代，又出现了能人，其脑重与体重的比值，比所有的南方古猿都要大。

能人出现在因气候原因而使森林缩减的年代，他们来到广阔无际的非洲大草原上，那是一个充满多种多样的捕食者和被捕食者的领域，生存斗争异常激烈。在失去了浓密树林的天然庇护之后，智力似乎就成了没有尖爪利齿的能人赖以生存的法宝了。

能人的脑量已经达到800毫升，前额增大，大脑皮层的功能分化似乎已经给语言的产生提供了基

能人复原图

北京猿人

础。从现存的一些圆形石头证据来看，在人类正式移居到洞穴之前，能人可能已经会用木头、石头、树皮等材料进行户外建筑了。

到了距今50万年前的北京猿人和爪哇猿人，脑量又有了新的发展，可以接近或者突破1000毫升大关了。北京猿人对火的使用已经能够证明他们不同于前人的聪明才智了。但这还不足以满足人类征服世界的需要，因为那时人们制造的工具还比较简单，而且要依赖自然火来改善生活。

在距今20万年前到现在，曾经

克罗马农人头骨

出现过以尼安德特人为代表的早期智人、以克罗马农人为代表的晚期智人，他们的脑量都超过了1500毫升，达到了现代人的水平，并且在20万年之间没有太大的变化。由此而带来的好处就是工具制作水平的提高，以及人工取火的发明。而且人类恐怕也是所有生物中唯一意识到自己必然走向死亡的动物。

早期人类在狩猎过程中，尤其是要围捕大型的猛兽或是胆小敏捷的动物时，必须要小心翼翼地靠近猎物，否则不仅会落空，而且还可能丢掉性命，毕竟在那种恶劣的生存条件下，哪怕是普通的受伤，都可能是致命的。

因此，打手势交流思想统一行动是非常需要的，这可以看成是象征性的语言。但是，这种交流信息的方法一旦遇到漆黑的夜晚或者双手没有空闲时，就不那么管用了。因此，手势语会逐步地被口头语所补充或替代。这种口头语最初可能是源于一些象声词，例如儿童称狗为"汪、汪"。还有，在几乎所有的人类语言中，"妈妈"一词似乎是儿童在喂奶时无意发出的声音模拟。所有这一切，如果没有大脑的调整都不可能发生。

工具

知识小百科

世界人种智商排名，中国人能排在第几？

英国研究者声称中国人是智商最高的人种。

在收集研究了130个国家的智商测试后，最近，英国一位研究人种智商的学者得出了一个令亚洲人感

日本人

朝鲜人

到既惊讶又高兴的结论。他的研究结论是：中国人、日本人、朝鲜人是全世界最聪明的人，他们拥有全世界最高的智商，平均值为105，明

显高于欧洲人和其他的人种。得出这一结论的专家是英国阿尔斯特大学名誉教授理查德·林恩。他的这一结论是否可信？又是如何得出的？

通过研究，林恩认为是恶劣的生存环境造就了高智商的人种。他认为，造成人种智商差异的原因是生存环境和基因。林恩教授首先注意到了加州大学研究脑量进化的专家杰里森的观点：在物种进化的过程中，物种的智力进化受到了环境的重要影响，也是物竞天择的一个重要因素。动物们要想在恶劣的环境中成为幸存者，必须进化出足够大的脑容量，这样他们通过视觉、听觉和嗅觉得到的信息才能在大脑中进行充分的分析。

林恩教授认为，这一理论同样可以用到人类的进化中。在对诸多的数据分析后，林恩教授得出，寒冷的气候让人类得到了更大的脑容量。比如东亚人的平均脑容量为1416cc，欧洲人的脑容量为1367cc，而撒哈拉地区的非洲人脑容量为1282cc。林恩教授称，寒冷的气候让早期的人类必须学会如何御寒。在寸草不生，动物也很少出没的冬季，寻找食物努力生存下去使得这些地区的人类获得越来越高的智商，以求不被大自然淘汰。

非洲人

探测人种的未来

◆ **学者描绘人类未来进化历程**

英国一家电视台播出的一部名为《布拉沃进化报告》的纪录片引起普遍关注。这部纪录片描绘了人类在未来的进化历程，称人类在公元3000年时将达到"黄金时代"，而10万年后却又会分化成高大聪明的"基因富人"与矮小愚昧的"基因穷人"。

（1）千年后种族将消失

《千年后种族将消失》这部纪录片的编剧奥利弗·库里是伦敦经济学院"达尔文研究中心"的进化理论学家，他在英国布拉沃电视台的邀请下撰写出了《布拉沃进化报告》并拍成纪录片。在该片中，库里通过科技、生物和环境因素对未来人类的影响，描绘了1000年后到10万年后人类的进化历程。

该报告预言，人类在公元3000年左右将抵达进化的"黄金时代"，由于营养水平和医疗技术的不断提高，人类将长得更高大、活

得更长久。此外，由于不同种族间的联姻，到时人类的肤色将变成同样的咖啡色，世上再也没有种族歧视，因为已没有种族之别。

报告称："到那时，男人的平均身高将在1.83米至2.13米之间，而人类的平均寿命将延长到120岁。通过高科技整容技术和基因工程，我们将使自己变得对异性更具有吸引力。男人将变得更健美，而女性也将成为清一色的'性感宝贝'。"

（2）万年时体质会退化

由于人类在生活中过分依赖科

整容技术

技，公元10000年以后，人类将尝到体质退化的苦果。

报告预测，那时的人类将失去自我防卫能力和沟通社交能力，像爱、同情、信任和尊敬这样的基本情感都将退化丧失。此外，由于人类数千年中一直食用精加工食物，缺少咀嚼，因此我们的下巴将萎缩退化。人类的相貌将变得越来越像今天的尚未发育成熟的少年。这种情况被称为"幼期性熟"。比如，狗的外貌就和它们的野生近亲——幼狼的外貌极相似。另一方面，由于长期服用药物对抗诸如癌症这样的致命疾病，人类的免疫系统也将严重退化，失去依靠自身力量抵抗疾病的能力。

（3）10万年后人种分化

报告称，在性选择力量的影响下，大约10万年以后，人类将分化成两个不同的物种，一是像古希腊雕塑一样完美的"基因富人"，一种是像怪物一样丑陋的"基因穷人"。

报告解释说，一些拥有优异基

古希腊雕塑

因的人会越来越生活在一个特殊的圈子里，他们将变得更高大、更健康、更聪明和更富创造力；而剩余的"基因穷人"将会变成矮小、丑陋、不健康甚至也不聪明的人类。报告举例说："这就像是让

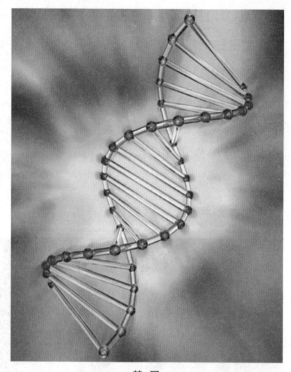

基因

好莱坞女星安吉利娜·朱丽和布拉德·皮特生一个婴儿，他将拥有最好的基因。在未来世界，这种类型的人走到一起将更容易。"

《布拉沃进化报告》对10万年后的描绘让人想起威尔斯1895年创作的科幻小说《时间机器》。在这部小说中，人类乘坐时间机器前往80万年后，结果发现那时的人类进化成了两个种族，一种是生活在地面城市废墟中的高等人类——艾罗伊族，一种是生活在地底的猿状人类——莫洛克族，艾罗伊族是莫洛

时间机器

克族追杀和猎食的对象。

◆ 防止人种衰退

目前，人类已经面临一个严峻的问题：人类能否运用自己独有的思维能力妥善控制环境，使其有利于自己的生存和发展？

在长期与自然抗争的过程中，人类滥用天然资源已是很明显的事实，很多人也尝到了这种滥用之后的恶果。不过值得欣慰的是，现在越来越多的人已经开始意识到生态学的重要性，并越来越多地关注人为污染可能影响其它生物并最终影响自身的问题。

除了资源和环境问题之外，赫黎胥还提出了一个更加令人毛骨悚然的可能性：人类或许已经走过了自身进化的颠峰时期，而开始走下坡路了。

赫胥黎认为，用先进的医学方法，成百万甚至更多地延长那些带有遗传疾病的人的生命，已经使生物史上自然淘汰的规律首次失灵。

环境污染

赫胥黎

因为这些人如果是在人类发展的早期，是肯定活不到能够传宗接代的年龄的。

当然，这与人类富有同情心和人道主义的本性有关，也使人类在更大程度上区别于普通的动物。但是，如果人类想避免重蹈覆辙而成为被淘汰的生物，那么除了改善环境之外，更需要设法防止自身的衰退。

人类科学和经济方面的很多盲目性，给人类的生存不断地制造危机。想想那些武器的大量制造，有多少是徒然耗费资源而没有实际的价值？还有那些高高耸立、冒着浓烟的巨大烟囱，难道是要把地球连同人类的肺一起，都熏得焦黑吗？

从某种意义上说，随着医学的不断进步，人类已经能够部分地控制死亡，从而保存有遗传缺陷的人。但是，为了人类的种族能够继续在历史舞台上生存，而不是成为化石中的遗迹，那就非常有必要增加优秀的个体，因为人类不会通过残忍地消除带有劣质遗传基因的个体来优化人种。

需要强调的是，人类所说的优化人种，不是要把法西斯的"人种优劣论"重新挖出来，而是通过像优生优育这样的方式，尽可能多地创造出优秀基因的组合，减少甚至避免像近亲繁殖等所造成的遗传疾病。

如果我们能从合理改选环境和优化自身基因这两方面入手，就有可能逃脱在地球这颗小小行星上逐渐衰退并最终灭亡的命运。人类的目光还可以放得更远些，不仅要做能够自行控制进化的生物，而且还要准备着有一天走出地球家园，飞向遥远星球，成为开创新的生命历程的有生力量。

人类的家园——地球

知识小百科

未来人类是什么模样

现在的人类是看不到未来的人类是什么样子的，但人类仍关注着自己的命运。研究人类进化的科学家们曾向自己提出这样的问题：5万年后，10万年后，50万年后每个人都带上多种致病基因。最后，人类的体质每况愈下，变得心肺衰弱、肌肉萎缩。人类不得不依赖发达的技术生存。与此同时，人的肢体衰退，躯干四肢变成无用器官而消亡，唯有大脑、感觉器官和生殖器官保存了下来。那时，由于人类滥用地球上的资

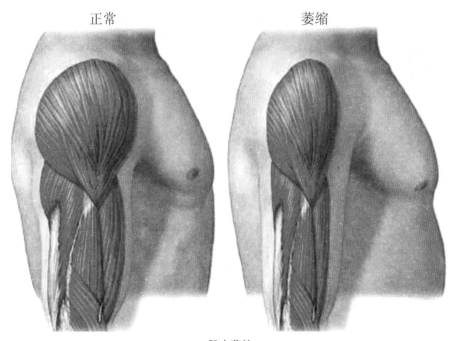

正常　　　　　　　　　　萎缩

肌肉萎缩

源，生存环境已变得十分严酷，只有荒原上残存着高大的树木，湖泊中还生长着蓝绿藻类。于是人类成了一种树栖动物，通过腹部的脉管从藻类中汲取营养。

显然，这是一种悲观的论调。英国古生物与古人类学家多格尔·狄克森写有一部著作：《人类之后》。他在这部著作中称：生物的进化程度越高，也就衰亡得越快。人类是地球上进化程度最高的生物，已经经历了150万年的进化历程，现在已开始走下坡路，走向衰退。因此，衰退论成为第一种代表性的见解。持这种观点的人认为，人类之所以走向衰退，原因在于医学科学的发达和进步，使许多疾病都能得到治疗，使人类生存下来，生儿育女，这样他们就会把体内的致病、易致病基因遗传给下一代。同时，由于正常基因中总有一些会突变为致病基因，结果使人群中致病基因的分布频率一代比一代高，从而让人类走向衰退。